THE  TIMES

Big Book of *KILLER* Su Doku ^{Book} 2

360 lethal Su Doku puzzles

Published in 2022 by Times Books

HarperCollins Publishers
Westerhill Road
Bishopbriggs
Glasgow, G64 2QT

HarperCollins Publishers
1st Floor, Watermarque Building
Ringsend Road, Dublin 4, Ireland

www.collinsdictionary.com

© Times Newspapers Limited 2022

10 9 8 7 6 5 4 3 2 1

The Times is a registered trademark
of Times Newspapers Ltd

ISBN 978-0-00-847269-6
Previously published as
978-0-00-727258-7,
978-0-00-730585-8,
978-0-00-731969-5

Layout by Davidson Publishing
Solutions

Printed and bound in the UK
using 100% renewable electricity at
CPI Group (UK) Ltd

If you would like to comment on any
aspect of this book, please contact us at
the above address or online via email:
puzzles@harpercollins.co.uk
Follow us on Twitter @collinsdict
Facebook.com/CollinsDictionary

MIX
Paper from
responsible sources
FSC™ C007454

This book is produced from independently certified FSC™ paper
to ensure responsible forest management.

For more information visit: www.harpercollins.co.uk/green

Contents

Introduction

How to tackle Killer Su Doku

Welcome to *Killer Su Doku*. Killers are my personal favourites, and this book enables you to work your way up through the different levels, right up to Deadly.

The techniques described here are sufficient to solve all the puzzles. As you work through this book, each new level and each new puzzle presents some new challenges and if you think about how to refine your techniques to overcome these challenges in the most efficient way, you will find that not only are you solving every puzzle, but also that your times are steadily improving. Above all, practice makes perfect in Su Doku. In particular, with Killers, you will have to revive and practise your mental arithmetic skills.

It is also important to note that the puzzles in this book all use the rule that digits cannot be repeated within a cage. Some puzzle designers allow repeated digits, and you need to be aware of this variation in Killers, but *The Times* puzzles do not.

Cage Integration

Cage integration must always be the first stage in solving any Killer Su Doku. It is essential to get the puzzle started and the more that is solved at this stage the easier the remainder becomes. It will not be possible to solve the harder puzzles without doing a very thorough job in this first stage of the puzzle.

The basic concept is that the sum of all the digits in a row, column or 3x3 region is 45; therefore, if as in the top right region of Fig. 1, all but one of the cells are in cages that add up to 39, the remaining cell (G3) must be 6. A similar calculation in the top middle region shows D3 to be 2. Likewise, if the cages overflow the region with one cell outside, which is the case in the top right region if the cage with sum 8 is included, then as the three cages add up to 47, the cell that sticks out (G4) must be 2.

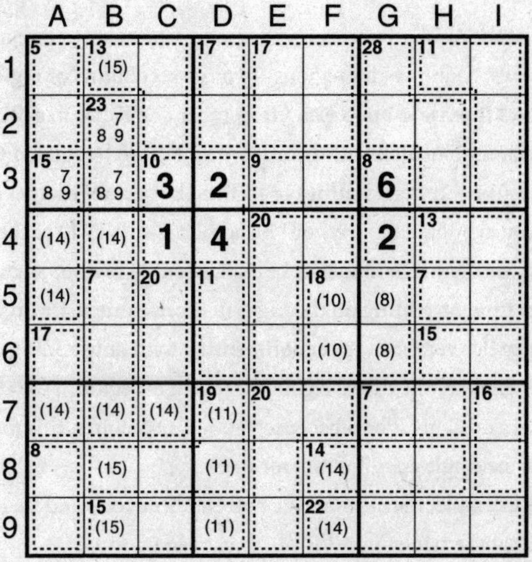

Fig. 1

For the harder puzzles, it is also necessary to resolve pairs in this way as well as single cells. So, in the middle right region, the three cages plus the 2 in G4 add up to 37, leaving the remaining pair (G5/G6) adding up to 8. The individual digits in the pair cannot be resolved at this stage, so each cell is marked (8). Equally, the cage of 18 could have been included, in which case the pair that stick out (F5/F6) must add up to 10 (2+13+7+15+18−45). Whilst F5 and F6 cannot be resolved yet, knowing that they add up to 10 means that D4 must be 4 (45−(10+20+11)). This illustrates the point that solving one integration often leads to another, and it always pays after solving an integration to look and see if it now opens up another.

The bottom right region also has a pair sticking out (F8/F9) which must add up to 14 (7+16+14+22−45). This leads on to being able to integrate the bottom centre region, which resolves the triplet D7/D8/D9 as 11 (45−(20+14)). Note that the same could also be achieved by integrating column D (where 45−(17+2+4+11) = 11).

To solve the harder puzzles it will also be necessary to integrate multiple rows, columns and regions. Two rows, columns or regions add up to 90, and three add up to 135. I remember one Killer in a World Su Doku Championship where the only way it could be started was to add up four columns (totalling 180). This is where all that mental arithmetic at school really pays off! Because it is so easy to make a mistake in the mental arithmetic, I find it essential to double-check each integration by adding up the cages in reverse order. If you want to solve the puzzles very fast, try experimenting with only adding the least significant digits of the cages, e.g. in the top right region, $1+8 = 9$, so the remaining cell must be 6 because $9+6 = 5$. Obviously, this method works well for single cells, but not for pairs.

In this example, the cages in the bottom three rows add up to 121, revealing that the triplet in A7/B7/C7 must add up to 14.

Moving up to the top left region, the two cages add up to 18, making the remaining quartet (A3/B2/B3/C3) add up to 27. As will be explained later, there are only two possible combinations for this: $9+8+7+3$ and $9+8+6+4$. But C3+C4 must be 4 (because D3+D4 = 6), so C3 must be 3, the triplet A3/B2/B3 must be $7+8+9$, and C4 must be 1.

In the final resolutions shown in the example:

- integrating column B identifies that the triplet B1/B8/B9 adds up to 15
- integrating the four regions (middle left, bottom left, bottom centre and bottom right) identifies that the triplet A4/A5/B4 adds up to 14.

The integration technique has now resolved quite a lot of the puzzle, probably a lot more than you expected. To get really good at it, practise visualising the shapes made by joining the cages together, to see where they form a contiguous block with just one or two cells either sticking out or indented. Also, practise sticking with it and solving as much as possible before allowing yourself to start using the next techniques. I cannot emphasise enough how much time will be saved later by investing time in thorough integration.

Single Combinations

The main constraint in Killers is that only certain combinations of digits are possible within a cage. The easiest of these are the single combinations where only one combination of digits is possible. The next stage in solving the Killer is therefore to identify the single combinations and to use classic Su Doku techniques to make use of them.

There are not many single combinations, so it is easy to learn them. For cages of two, three and four cells, they are:

Two cell cages	Three cell cages	Four cell cages
3 = 1+2	6 = 1+2+3	10 = 1+2+3+4
4 = 1+3	7 = 1+2+4	11 = 1+2+3+5
16 = 7+9	23 = 6+8+9	29 = 5+7+8+9
17 = 8+9	24 = 7+8+9	30 = 6+7+8+9

To get to the example in Fig. 2 from the previous one:
- In the top left region, the cage of three cells adding up to 23 (B2/B3/B4) only has a single combination, which is 6+8+9. However, we already know that the triplet A3/B2/B3 must be 7+8+9. As B2 and B3 cannot contain the 7, it must be in A3, making B2/B3 8+9 and leaving B4 as 6.
- In the middle left region, the cage of three cells adding up to 7 can only be 1+2+4, and there is already a 1 in the region (C4), so B7 must be the 1, and B5/B6 must be 2+4.
- We have already worked out that the triplet B4/A4/A5 must add up to 14, but B4 has now been resolved as 6, so A4/A5 must add up to 8.
- In column A, the cage of 17 must be 8+9, and we already know that A7/B7/C7 adds up to 14 and B7 is 1, so C7 must be 4 or 5.
- The other single combination cages are: D1/D2 = 8+9, H1/I1/I2/I3 = 1+2+3+5 (note that I3 can only be 1 or 5 because row 3 already contains 2 and 3), and I7/I8 = 7+9.

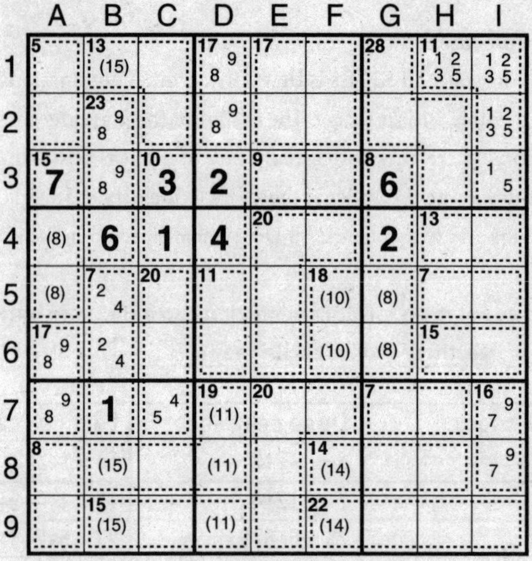

Fig. 2

Multiple Combinations (Combination Elimination)

With the harder puzzles, there will only be a few single combinations, and most cages will have multiple possible combinations of digits. To solve these cages it is necessary to eliminate the combinations that are impossible due to other constraints in order to identify the one combination that is possible.

The most popular multiple combinations are:

Two cell cages	Three cell cages	Four cell cages
5 = 1+4 or 2+3	8 = 1+2+5 or 1+3+4 (always contains 1)	12 = 1+2+3+6 or 1+2+4+5 (always contains 1+2)
6 = 1+5 or 2+4	22 = 9+8+5 or 9+7+6 (always contains 9)	13 = 1+2+3+7 or 1+2+4+6 or 1+3+4+5 (always contains 1)
7 = 1+6 or 2+5 or 3+4		27 = 9+8+7+3 or 9+8+6+4 or 9+7+6+5 (always contains 9)
8 = 1+7 or 2+6 or 3+5		28 = 9+8+7+4 or 9+8+6+5 (always contains 9+8)
9 = 1+8 or 2+7 or 3+6 or 4+5		
10 = 1+9 or 2+8 or 3+7 or 4+6		
11 = 2+9 or 3+8 or 4+7 or 5+6		
12 = 3+9 or 4+8 or 5+7		
13 = 4+9 or 5+8 or 6+7		
14 = 5+9 or 6+8		
15 = 6+9 or 7+8		

Working from the last example, the following moves achieve the position in Fig. 3:

- E3/F3 is a cage of two cells adding up to 9, which has four possible combinations: 1+8, 2+7, 3+6 and 4+5. But 1+8 is not possible because 8 must be in D1 or D2, 2+7 is not possible because of the 2 in D3, and 3+6 is not possible because of the 3 in C3, so E3/F3 must be 4+5. I3 can then be resolved as 1.

- For the cage of 5 in A1/A2 there are two possibilities: 1+4 and 2+3. As the region already contains a 3 in C3, A1/A2 must be 1+4.

- The pair A4/A5 must add up to 8, which has three possible combinations: 1+7, 2+6 and 3+5. 1+7 is not possible because of the 7 in A3, and the 6 in B4 means that 2+6 is not possible, so A4/A5 must be 3+5. This also means that A8/A9 must be 2+6.

- The cage of 11 in D5/D6 has four possibilities, but all bar 5+6 can be eliminated. This also makes D7/D8/D9 into 1+3+7.

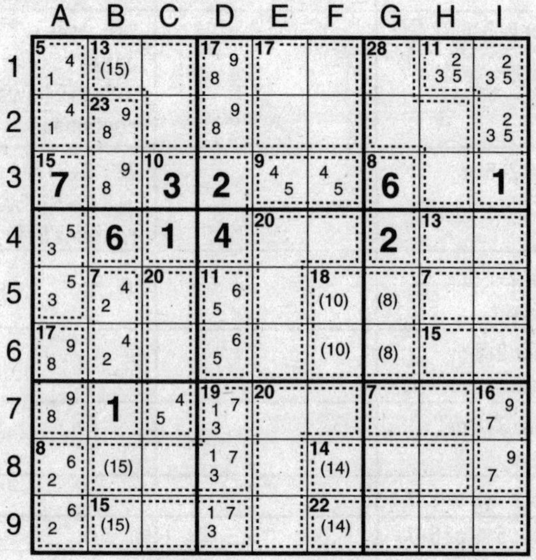

Fig. 3

Getting good at this is rather like learning the times table at school, because you need to learn the combinations off by heart; then you can just look at a cage and the possible combinations will pop into your head, and you can eliminate the ones that are excluded by the presence of other surrounding digits.

Further Combination Elimination

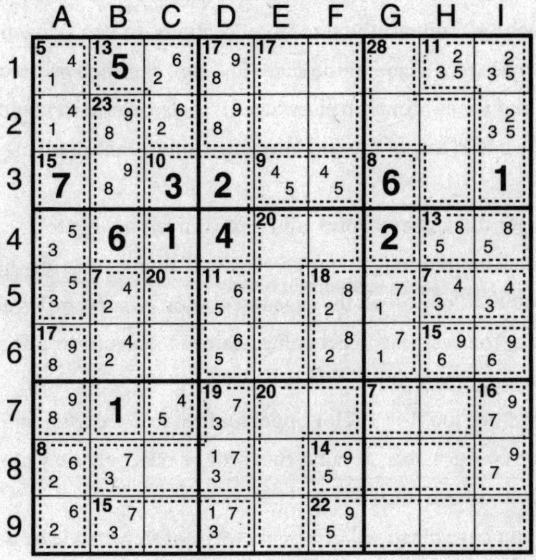

Fig. 4

To progress from where the last example finished off to the position in Fig. 4:

- The cage of 13 in the top left region must be 2+5+6, but 2 and 6 are already in column B, so B1 is 5 and C1/C2 are 2+6. B8/B9 are then 3+7.

- The cage of 13 in H4/I4 cannot be 4+9 or 6+7, and so must be 5+8. This then leads on to the cage of 15 in the region being 6+9, which leads on to the cage of 7 being 3+4. Finally, G5/G6 are left as 1+7. This illustrates nicely the benefit of looking for how one move can lead on to the next.

- With G5/G6 as 1+7, the other side of the cage of 18 (i.e. F5/F6), which is a pair adding up to 10, can only be 2+8, because the three other combinations are eliminated by digits in the cage or middle centre region.

- With F5/F6 as 2+8, the pair F8/F9, which add up to 14, must be 5+9.

This puzzle is now easily finished using classic Su Doku techniques.

With Deadly Killers it is also useful to identify where the possible combinations all contain the same digit or digits, so you know that digit has to be somewhere in the cage. The digit can then be used for scanning and for elimination elsewhere. It is also useful to identify any digit that is not in any of the combinations and so cannot be in the cage.

If you get stuck at any point, and find yourself having to contemplate complex logic to progress, it will almost certainly be because you did not find all the cage integration opportunities at the start. So, the best way to get going again is to look for more cage integration opportunities.

Finally, keep looking out for opportunities to use classic Su Doku moves wherever possible, because they will be relatively easy moves. Good luck, and have fun.

Once you have mastered this book, why not step up a level and try *The Times Ultimate Killer Su Doku* books?

Mike Colloby
UK Puzzle Association

PUZZLES
Book One

1

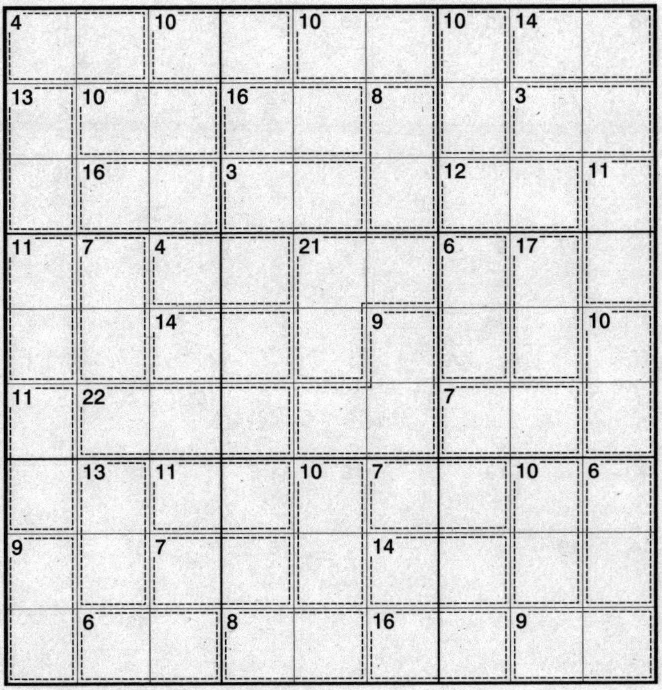
4 10 10 10 14
13 10 16 8 3
16 3 12 11
11 7 4 21 6 17
14 9 10
11 22 7
13 11 10 7 10 6
9 7 14
6 8 16 9

16 MINUTES

TIME TAKEN..........................

Moderate

2

🕐 16 MINUTES

TIME TAKEN...........................

🕐 16 MINUTES

TIME TAKEN..........................

Moderate

4

⏱ 16 MINUTES

TIME TAKEN...........................

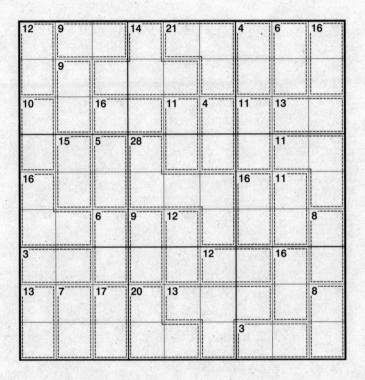

6

⏱ 17 MINUTES

TIME TAKEN...........................

🕐 17 MINUTES

TIME TAKEN...........................

Moderate

8

⏱ 17 MINUTES

TIME TAKEN.........................

Big Book of Killer Su Doku

9		21		9		10		9
16				4		9	14	
12		3		16				11
8	16		16	9	6		10	
	8				14	17		9
14		9						
	13	10	12		8		8	
5			11		22		13	
	8		10				6	

🕐 17 MINUTES

TIME TAKEN...........................

Moderate

10

⏱ 17 MINUTES

TIME TAKEN...........................

11	19			5		13	4	14
	7		17	14				
8	13				9	13	16	
	4	6		17				
11		9			13		7	
	17		4		6		21	
12	9	6		8		4	15	
		11	7		17			11
12			8			7		

🕐 17 MINUTES

TIME TAKEN............................

Moderate

12

⏱ 17 MINUTES

TIME TAKEN............................

🕐 17 MINUTES

TIME TAKEN...........................

Moderate

14

🕐 17 MINUTES

TIME TAKEN..........................

10	20			18		9		8
		11	16			27		
14	9				12			12
			17			4		
17		8	10		4	18	8	
11	4		7					14
		8		17			25	
6		28	4	15				
					11		3	

🕐 17 MINUTES

TIME TAKEN............................

Moderate

16

10		10		3	15	7		11
11	11	16					10	
		6	12		10	13		21
	12		5					
11		10		17		20	3	
	6	13		13	3		17	
11		4					16	
	3		17		9			6
17		10		9		7		

🕐 20 MINUTES

TIME TAKEN...........................

Moderate

18

⏱ 22 MINUTES

TIME TAKEN...........................

Big Book of Killer Su Doku

8	9	15	13		9	12		15
				15		20		
11	6						13	
	12	10		14		10		3
14		8	10				8	
	9		9		12			15
12		13		11	17	9		
	18		15				12	6	12

🕐 22 MINUTES

TIME TAKEN...........................

Moderate

🕐 22 MINUTES

TIME TAKEN...........................

⏲ 32 MINUTES

TIME TAKEN...........................

Tricky

22

🕐 32 MINUTES

TIME TAKEN.............................

11	31	12		16	7	19		
						17	7	
			7	9				7
15	5			19	7	10		
	12	13	7			26	13	
8							12	
		17				13		
8		27	9	17				24

🕐 32 MINUTES

TIME TAKEN...........................

Tricky

24

🕐 32 MINUTES

TIME TAKEN...........................

Big Book of Killer Su Doku

TIME TAKEN...........................

Tricky

26

12		9	6	17		10	13	
13	7				26		8	12
		12	8					
13				12		9		
11		12		6			25	
8	10		10		13			11
		16				12	18	
5	11	11		31				
							8	

🕐 35 MINUTES

TIME TAKEN.............................

Tricky

28

⏱ 35 MINUTES

TIME TAKEN...........................

Big Book of Killer Su Doku

🕐 35 MINUTES

TIME TAKEN...........................

Tricky

⏱ 35 MINUTES

TIME TAKEN..........................

🕐 35 MINUTES

TIME TAKEN...........................

32

🕐 35 MINUTES

TIME TAKEN...........................

7	22	7		23		12	10	16
		13			9			
		27	9		11			
7				11	20	8		
	7		12					8
11		15					13	
27	6		14		12	9		24
		12	13					
				10				

(🕐) 35 MINUTES

TIME TAKEN............................

Tricky

⏱ 35 MINUTES

TIME TAKEN............................

6		15		7	15		8	5
10	25				11	14		
	4		15	27			8	9
		11			15			
14					10	8	13	
14	15	10					8	16
		7	11			20		
9	9			11				
		5			5		15	

🕐 35 MINUTES

TIME TAKEN..........................

Tricky

⏲ 35 MINUTES

TIME TAKEN...........................

18	7		9		31	16		
		14	9			26		
16						11		
	15		13			10		
		13	12	9			10	11
7				13				
9	15		7	18	12	9		
	11	17				11	14	
						12		

🕐 35 MINUTES

TIME TAKEN............................

Tricky

⏱ 35 MINUTES

TIME TAKEN...........................

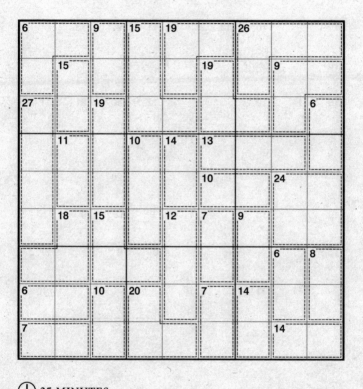

⏱ 35 MINUTES

TIME TAKEN...........................

Tricky

40

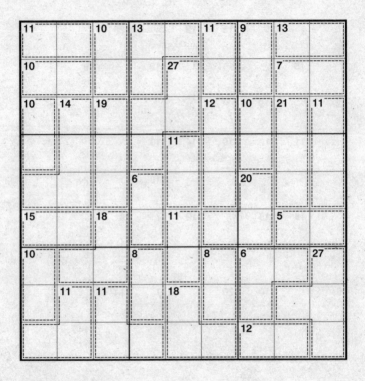

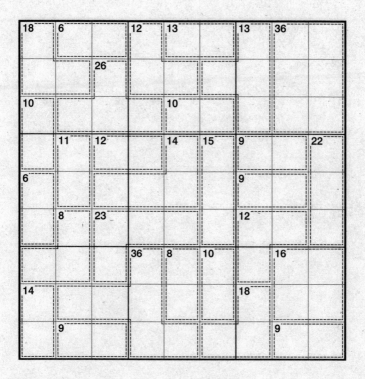

⏱ 35 MINUTES

TIME TAKEN...........................

Tricky

🕐 35 MINUTES

TIME TAKEN...........................

⏱ 38 MINUTES

TIME TAKEN..........................

Tricky

🕐 38 MINUTES

TIME TAKEN...........................

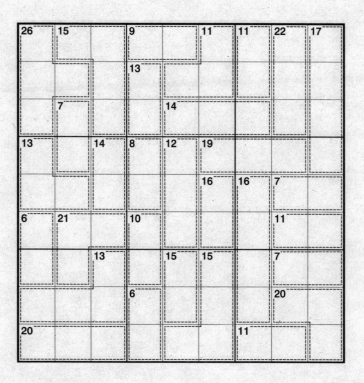

TIME TAKEN...........................

Tricky

⏱ 38 MINUTES

TIME TAKEN...........................

(L) 38 MINUTES

TIME TAKEN...........................

Tricky

⏱ 40 MINUTES

TIME TAKEN............................

9	7	5		13		24	11	
		17	12					14
13			15	11				
	17			21	6	20		
	20							5
9			7	5	8	16		
	12					11		20
10		8	27		8			
10						14		

🕐 40 MINUTES

TIME TAKEN............................

Tricky

50

(L) 40 MINUTES

TIME TAKEN...........................

⏱ 40 MINUTES

TIME TAKEN............................

Tricky

⏱ 42 MINUTES

TIME TAKEN...........................

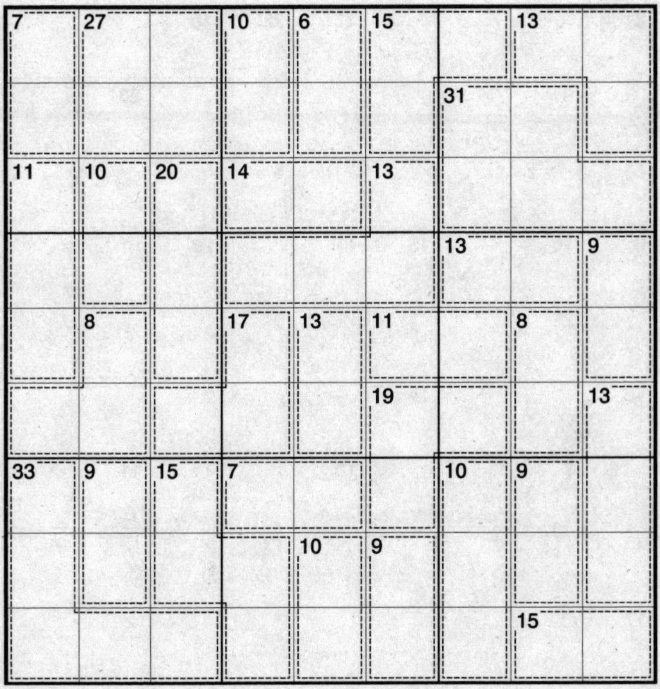
7 27 10 6 15 13
31
11 10 20 14 13
13 9
8 17 13 11 8
19 13
33 9 15 7 10 9
10 9
15

42 MINUTES

TIME TAKEN.............................

⏱ 42 MINUTES

TIME TAKEN............................

Tricky

56

🕐 42 MINUTES

TIME TAKEN...........................

Tricky

3		11		27		15	7	13
13		8		11				
14	18					10		13
		10	22		10			
11				19	9	13		
	19		8				10	
		15			24			8
11			19			11		
	9						14	

$\bigodot$ 42 MINUTES

TIME TAKEN............................

10		18	16		10	31		
8								
9			17		9	7		8
20		13		8		11	12	
	14		6		12			10
26		11		19		11	13	
		17						
	7	3			16	12		21

⏱ 42 MINUTES

TIME TAKEN...........................

Tricky

12	19		10	20		13		
						12	32	
12	11		14	19			18	
	8							
15	7			11		13		
		26						11
8	11		14		8	3		
		11		10			14	
6		15			10		12	

🕐 42 MINUTES

TIME TAKEN...........................

17		18		11		13		17
			12		8		13	
13	7	11		13				
			12		19	11		25
19		5		11				
	9	10	13			9		
5					24	14		11
	23							
		11			10		11	

⏲ 42 MINUTES

TIME TAKEN............................

Tricky

⏱ 42 MINUTES

TIME TAKEN..........................

⏱ 45 MINUTES

TIME TAKEN.............................

Tricky

⏱ 45 MINUTES

TIME TAKEN...........................

12			11	10		21		11
10	9			10	12			
	20	11				10		
27			13		10		13	
		10		12	6	19	10	7
	11							
9			9	14			12	
	11	16		12		14		
			10				13	

(L) 45 MINUTES

TIME TAKEN............................

Tricky

⏱ 45 MINUTES

TIME TAKEN............................

⏱ 45 MINUTES

TIME TAKEN.............................

Tricky

⏱ 45 MINUTES

TIME TAKEN.............................

🕐 45 MINUTES

TIME TAKEN...........................

Tricky

🕐 45 MINUTES

TIME TAKEN..............................

7	15	17	14	15		7	6	
				12			19	21
16				12				
		26			25			
11			14				6	
20				8			19	
	19		11		20	16	13	
		5						9
10			12					

⏱ 50 MINUTES

TIME TAKEN............................

Tough

⏱ 50 MINUTES

TIME TAKEN...........................

Tough

⏱ 50 MINUTES

TIME TAKEN...........................

8		13	10	11		13	13	
23	11			11	11		17	
		18						
			17	13	11	14		
	13					10		10
	14				11	11		
12		10				11	11	
	10		10				11	11
9		17			10			

🕐 50 MINUTES

TIME TAKEN...........................

Tough

⏱ 50 MINUTES

TIME TAKEN...........................

⏱ 50 MINUTES

TIME TAKEN...........................

Tough

⏱ 50 MINUTES

TIME TAKEN............................

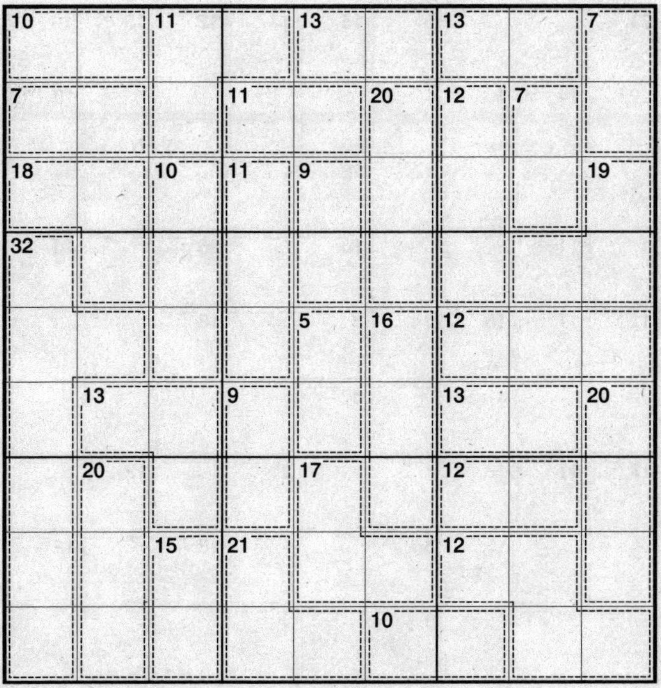

50 MINUTES

TIME TAKEN............................

Tough

80

⏱ 50 MINUTES

TIME TAKEN.............................

12	7		14	11	5		10
	8			15	11	19	
13	26		5				
	12	9		7		21	15
		12	16				
13	8	11			7		
	15	12	5	16			
21		11		25			
					13		

⏱ 50 MINUTES

TIME TAKEN..............................

Tough

82

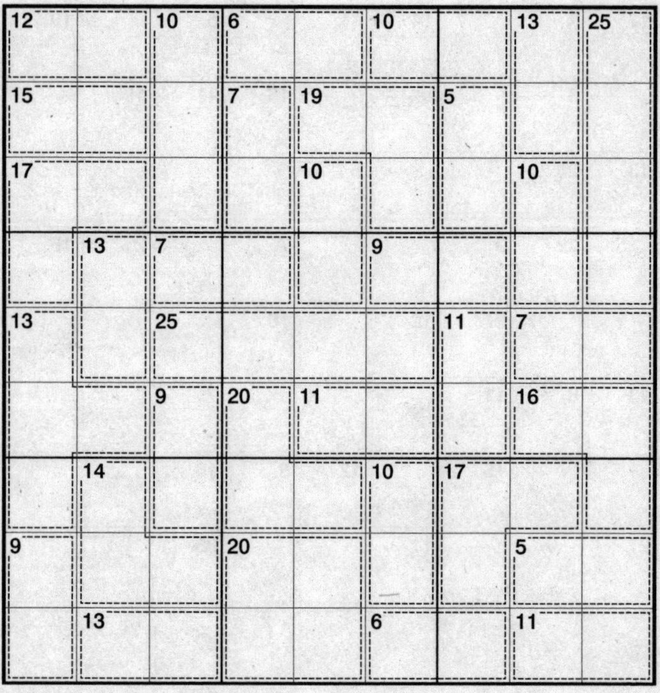

50 MINUTES

TIME TAKEN..........................

22		9		14		14		
		11	7			15	20	
7	13	11		19				
		21	11				16	
17				13	10			
11	11					24		
		11	15					
20			9		9		12	
	11		12	10				

🕐 50 MINUTES

TIME TAKEN............................

Tough

🕐 50 MINUTES

TIME TAKEN............................

11		12	9		8		12	
	32		15	11	18	15		
							11	
		13		16	6		21	
8	13	13				10		
			20	10	12			
11	11	5				9	12	
	8			13				
15		18			7			

🕐 50 MINUTES

TIME TAKEN............................

Tough

⏱ 50 MINUTES

TIME TAKEN..........................

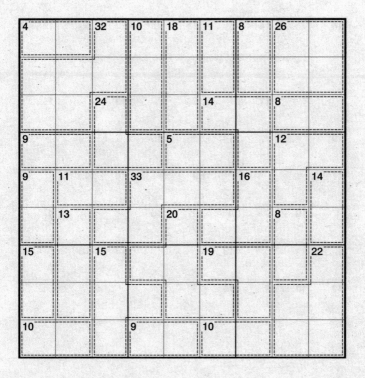

⏱ 50 MINUTES

TIME TAKEN............................

16		14		11			8	12
	12		15	12				
		11		6		19		15
19			14		15			
11				9		10	9	
	19	9	9		10			9
			13			14	18	
10	10	9	19					
					11		7	

🕐 50 MINUTES

TIME TAKEN..........................

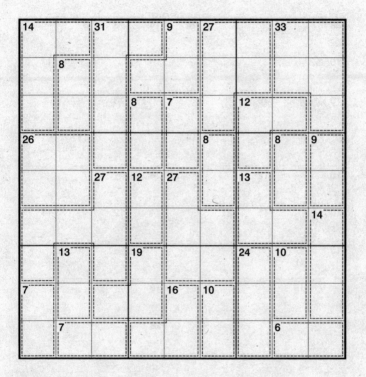

🕐 50 MINUTES

TIME TAKEN...........................

Tough

⏱ 50 MINUTES

TIME TAKEN...........................

8		30		11	11		7	
10					6		21	13
	11	8			28			
12		9	10	12				
	18					9	10	8
13		7		10				
			15	17		25	11	
15		10	11					
9				10				

🕐 50 MINUTES

TIME TAKEN.............................

Tough

92

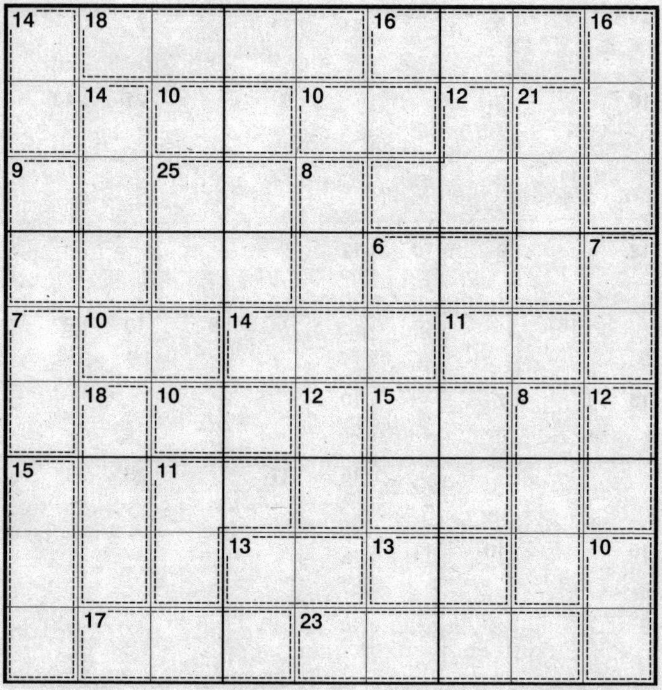

50 MINUTES

TIME TAKEN............................

13 5 18 22
9 7 19 9 7 11
15
16 15 12 11
17 19 15
14 16
5 7 13 15 11 15
26 18 10
9 6

50 MINUTES

TIME TAKEN..............................

Tough

⏱ 50 MINUTES

TIME TAKEN..........................

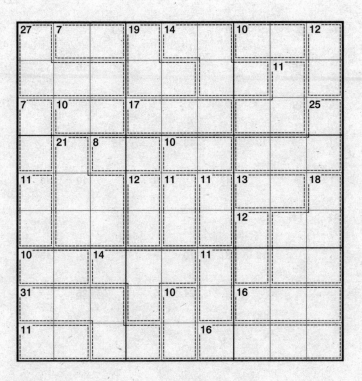

⏱ 50 MINUTES

TIME TAKEN...........................

🕐 50 MINUTES

TIME TAKEN...........................

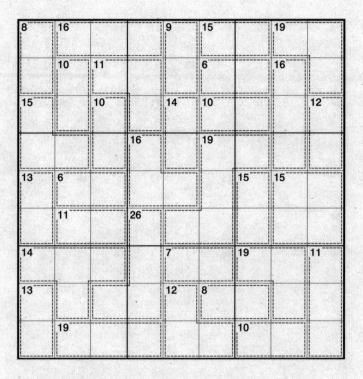

⏱ 50 MINUTES

TIME TAKEN............................

Tough

⏱ 50 MINUTES

TIME TAKEN...........................

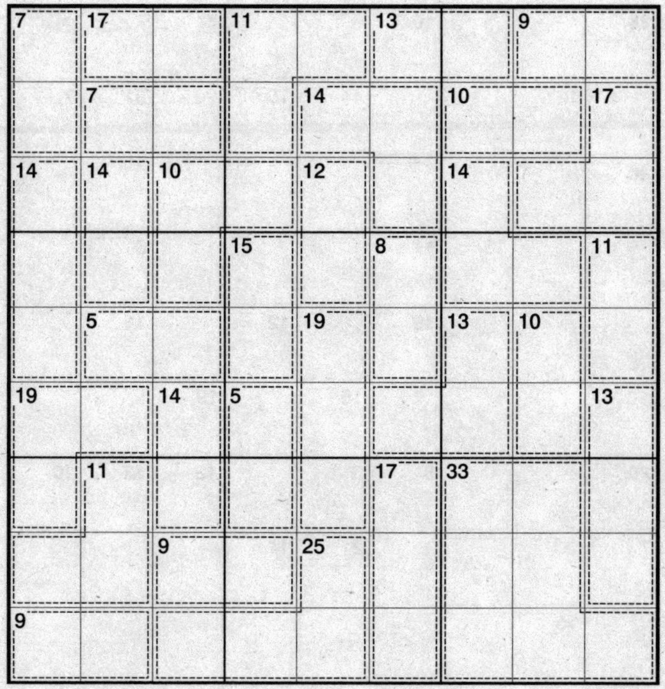
7 17 11 13 9
7 14 10 17
14 14 10 12 14
15 8 11
5 19 13 10
19 14 5 13
11 17 33
9 25
9

50 MINUTES

TIME TAKEN..........................

100

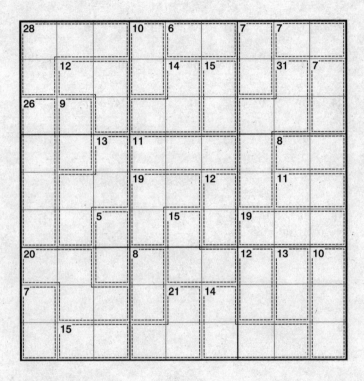

TIME TAKEN............................

Big Book of Killer Su Doku

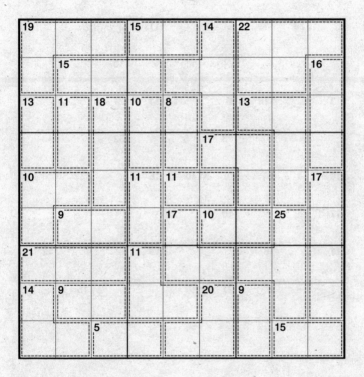

⏲ 50 MINUTES

TIME TAKEN............................

102

10	8	9		18		11	16	
		10		19			10	
10		7			10		16	
9	10		14					19
			8		12			
18	19			12	6	8		16
			12			25		
9	22				11		10	
			11					

🕐 50 MINUTES

TIME TAKEN............................

Tough

⏰ 50 MINUTES

TIME TAKEN.............................

31				11		8	6	
9	12		10			25		
11	10			16	8	7		
9	13	7						
8			13	25			11	
12	12	12			22			
			5		9		20	
27		19		17				

🕐 55 MINUTES

TIME TAKEN............................

Tough

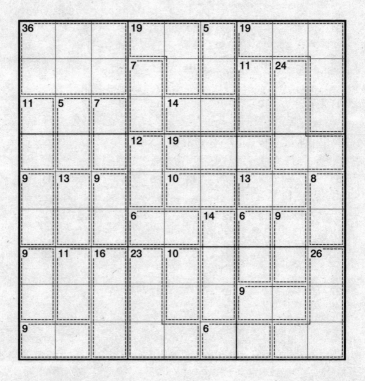

12	19		9	15	11	29		
		27						8
				9	7	7	14	
13								20
	7		13	11		7		
19				8			11	
15		9		19	12	20		
	9							
14			12			19		

🕐 55 MINUTES

TIME TAKEN...........................

Tough

108

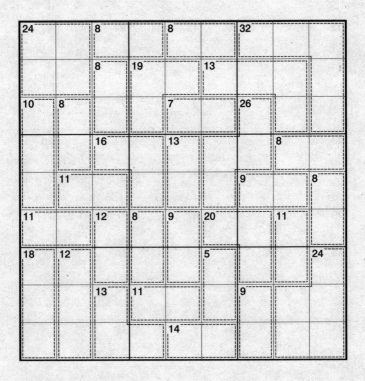

12			12			13		13
12		19			20			
	13		26	8	6		5	
9	18				13	17		10
		12						
	10			17	28			17
26		10						
		9	13		7			
	10			7		13		

🕐 55 MINUTES

TIME TAKEN............................

Tough

110

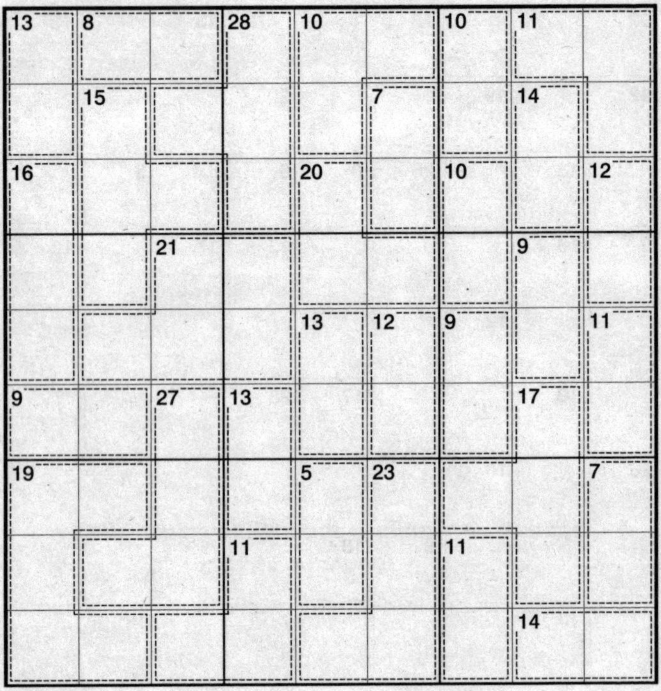

55 MINUTES

TIME TAKEN..........................

9	24	8	13		14
		7	18	8	11
		11		14	12
9	9		21		8
	35	12	16	11	15
10			10		
24				12	19
	10	9	12		
			14		

🕐 55 MINUTES

TIME TAKEN...........................

Tough

112

(clock icon) 55 MINUTES

TIME TAKEN...........................

14				9	15		9	20
22	15	9	9		19			
				11		19		
	8		13					10
11				19			7	
	20	17		17		10		9
					7			
8	12		13			10		
	13			17			13	

🕐 55 MINUTES

TIME TAKEN............................

Tough

114

⏲ 55 MINUTES

TIME TAKEN...........................

115

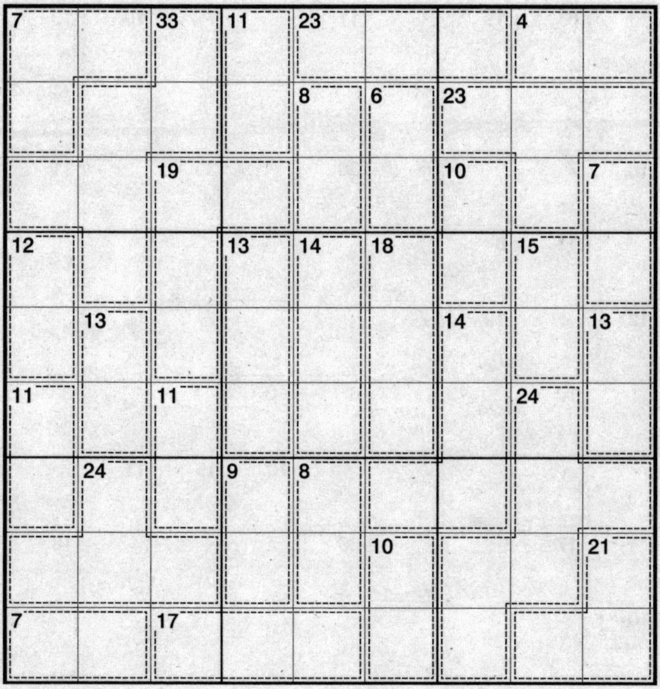
7 33 11 23 4
8 6 23
19 10 7
12 13 14 18 15
13 14 13
11 11 24
24 9 8
10 21
7 17

55 MINUTES

TIME TAKEN.............................

Tough

13	6	19		11		7	10	13
			11	8				
10	7			36		30		11
	11	8						
12		19				7	15	
	10			6				8
7			7		10	16	11	
	17			26				13
10								

🕐 55 MINUTES

TIME TAKEN...........................

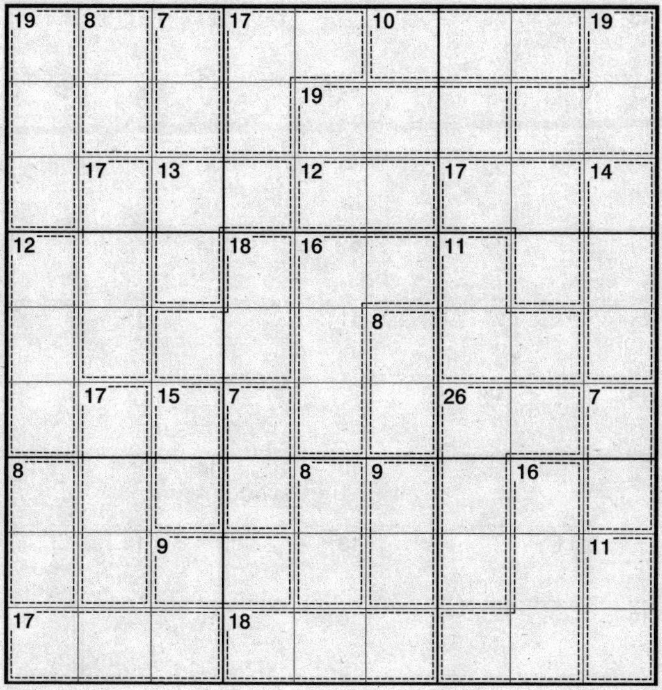

55 MINUTES

TIME TAKEN.............................

118

⏱ 55 MINUTES

TIME TAKEN...........................

20		17	22	11		11
		17		9		19
10			11	11	5	
	10	10				
24	32		20			10
		7				
8	21	15	15	12		7
20				5		
	5		21			

🕐 55 MINUTES

TIME TAKEN...........................

Tough

120

🕐 55 MINUTES

TIME TAKEN...........................

25			7	12	32			
				24				18
13	13	14		33				
		5			8			
7	22				5		13	
		18	5		21		13	
			7		9			12
9	11		11	19		19		

🕐 65 MINUTES

TIME TAKEN...........................

Deadly

122

9		9	19	16	10		17	
13	26				7			6
				26	13			
		19		11				8
12			14			11	19	
	9				11			
10	11	14		10		17	13	
15				17			13	

⏱ 65 MINUTES

TIME TAKEN...........................

Deadly

124

9		9		11	16	18		
10	13	11				14	7	
		18						22
18			7	27		11		
		13			11		11	
10						13	15	
	10		24					13
12				7	5			
20						10		10

🕐 65 MINUTES

TIME TAKEN...........................

⏱ 70 MINUTES

TIME TAKEN............................

Deadly

126

⏱ 70 MINUTES

TIME TAKEN..........................

⏱ 70 MINUTES

TIME TAKEN.............................

Deadly

128

⏱ 70 MINUTES

TIME TAKEN...........................

130

🕐 70 MINUTES

TIME TAKEN............................

Deadly

132

⏱ 70 MINUTES

TIME TAKEN............................

Big Book of Killer Su Doku

🕐 70 MINUTES

TIME TAKEN...........................

Deadly

134

12	19		29			9	8	
	7		10				9	13
		20		13		18		
17			16	10			8	
	15				12			20
						12		
19		9	13		12		14	
14			13					9
		7		18				

🕐 75 MINUTES

TIME TAKEN...........................

Deadly

136

⏱ 75 MINUTES

TIME TAKEN...........................

15		11	16		13		15	
16			26				12	
	12	11			13			
				19	11			15
9	5	15			11	17		
						15		
19	8		9	14			10	10
		18			13	11		
9						7		

⏱ 75 MINUTES

TIME TAKEN...........................

Deadly

138

🕐 75 MINUTES

TIME TAKEN...........................

6		25		16			12	
11				12	11	11		
	23					19		
14			16		10		15	
	11	9			17	15		
11			26			13	12	10
			11					
	30				10		7	11
		11						

🕐 75 MINUTES

TIME TAKEN..............................

Deadly

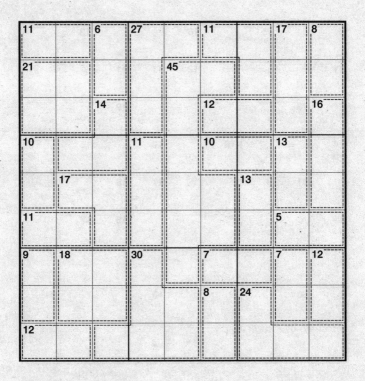

⏱ 80 MINUTES

TIME TAKEN.............................

11	14			10	21		12	
	20		15		13		11	
11				13		17		10
	32							
			20		30	25		
15								17
	7		11					
	20	6		20	4	8	12	

🕐 80 MINUTES

TIME TAKEN..........................

Deadly

80 MINUTES

TIME TAKEN..........................

⏱ 85 MINUTES

TIME TAKEN............................

85 MINUTES

TIME TAKEN...........................

TIME TAKEN...........................

Deadly

146

17		11		6		10	20	
		16		11			13	
20		11	11	8				
				25	17	12	8	
25		11						
	12		8			8		
14	17	12			21			
		27					12	
	11				11			

⏱ 110 MINUTES

TIME TAKEN...........................

Deadly

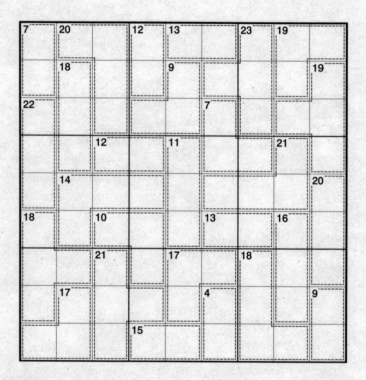

⏱ 120 MINUTES

TIME TAKEN.............................

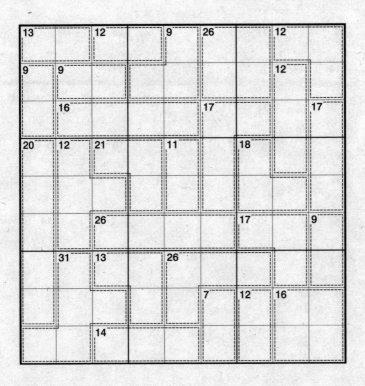

⏱ 140 MINUTES

TIME TAKEN...........................

Deadly

150

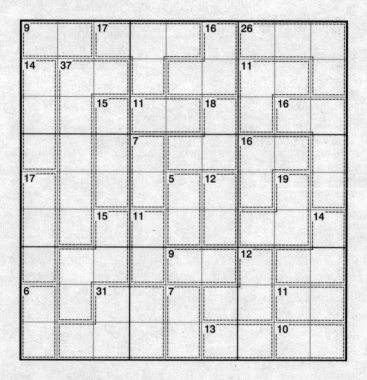

⏲ 145 MINUTES

TIME TAKEN..........................

PUZZLES
Book Two

15		11	14	12		7		21
				11	8			
12		16	13			13	8	4
9	13				9			
		4	12			10		11
10	13		12	3		16		
		9		15	12	6		11
6			3			9	19	
	17			11				

🕐 16 MINUTES

TIME TAKEN..........................

Moderate

⏱ 17 MINUTES

TIME TAKEN...........................

8
12
3
9
14
11
9
17
10
3
12
8
16
9
11
5
22
17
5
12
12
13
13
7
13
35
4
14
3
17
7
11
7
11
13
3
9

17 MINUTES

TIME TAKEN..............................

Moderate

4

⏱ 17 MINUTES

TIME TAKEN..........................

6		9			19	17		9
17	7		16			11		
	20	13		3			9	12
9			7		7			
		7		11		12	11	7
3		17		11				
6	9	3		19	16	12	12	
		13					3	12
16			14					

🕐 17 MINUTES

TIME TAKEN...........................

Moderate

6

🕐 17 MINUTES

TIME TAKEN...........................

⏱ 17 MINUTES

TIME TAKEN..........................

Moderate

8

13 13 3 24 6 12 10

14 7 9

5 13 8

15 13 10 15 25

13 11 12 11

10 7

10 12 28 8

6 15 16 10

21

🕐 20 MINUTES

TIME TAKEN...........................

Moderate

⏲ 20 MINUTES

TIME TAKEN.............................

19		18	10		12	
9	12		24	15		13
15			7			
	11		18	14		
14	17	7	10			
13		17		12	7	
	11	15				
4	21	13		15	11	
		15		6		

🕐 35 MINUTES

TIME TAKEN...........................

Tricky

12

🕐 35 MINUTES

TIME TAKEN............................

⏱ 35 MINUTES

TIME TAKEN...........................

🕐 35 MINUTES

TIME TAKEN............................

Tricky

16

⏱ 42 MINUTES

TIME TAKEN...........................

18			12			11		13
6		26			19	30		
6	12							
	9		12	15			13	
17		17			10	11	5	
26							16	19
	7		17					
			19		15			
	13					11		

🕐 42 MINUTES

TIME TAKEN...........................

Tricky

13	5	14		13		5	10	
			20				13	8
17	7			11		15		
	14	11			19		7	
		9	11	11		20		5
7	12					10		
		19			9			12
8	13		20			13		
					12		12	

🕐 42 MINUTES

TIME TAKEN..........................

⏱ 45 MINUTES

TIME TAKEN...........................

Tricky

⏱ 45 MINUTES

TIME TAKEN.............................

5		13		7	15		13	13
13	26				11			
		23				16	12	
17	8	25					12	
			7			13		
	18	11	12					
12		16	15	11	26	6		
		19			10			

🕐 50 MINUTES

TIME TAKEN...........................

Tough

22

🕐 50 MINUTES

TIME TAKEN...........................

Big Book of Killer Su Doku

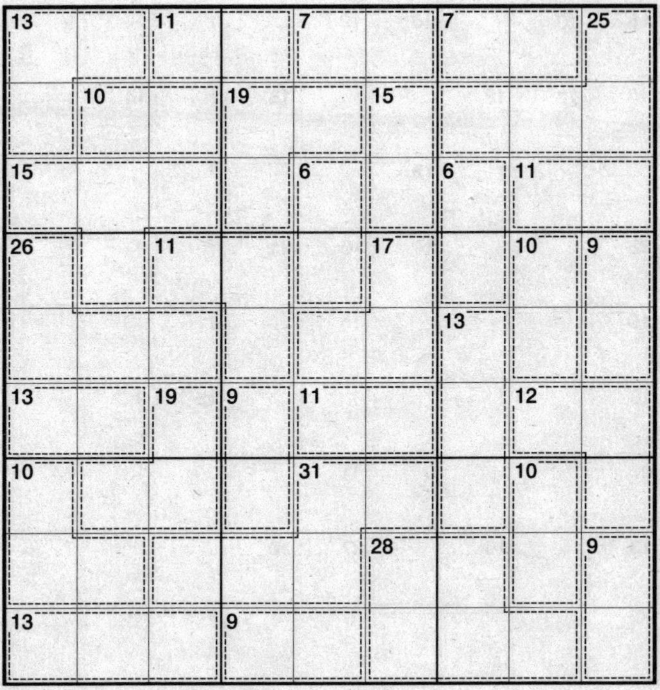
13
11
7
7
25
10
19
15
15
6
6
11
26
11
17
10
9
13
13
19
9
11
12
10
31
10
28
9
13
9

50 MINUTES

TIME TAKEN..........................

24

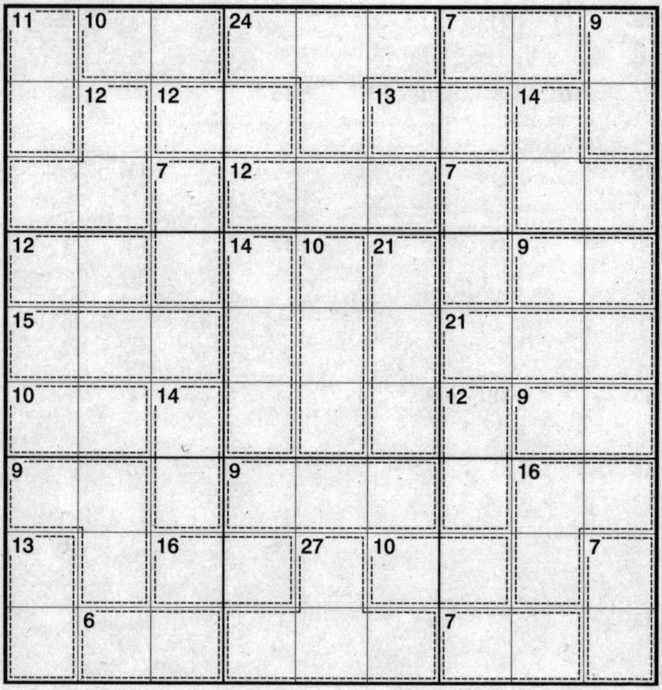

50 MINUTES

TIME TAKEN..........................

10	14			13		9	16	
	18		3	12			10	19
11					14			
14		7		32		3		
	5					12		14
12	17		11		8			
	16			10	11	18	11	
		8	15					5
14					13			

🕐 50 MINUTES

TIME TAKEN..........................

Tough

26

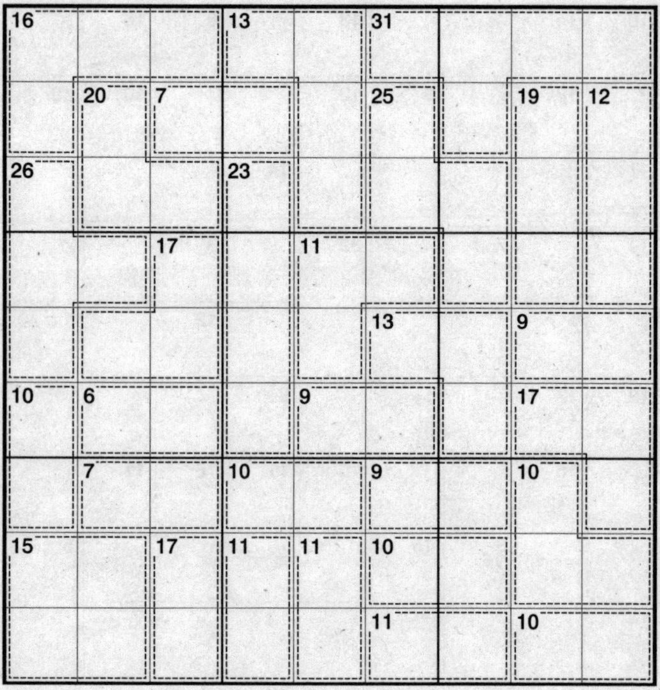
16 13 31
20 7 25 19 12
26 23
17 11
13 9
10 6 9 17
7 10 9 10
15 17 11 11 10
11 10

50 MINUTES

TIME TAKEN............................

⏱ 50 MINUTES

TIME TAKEN............................

Tough

28

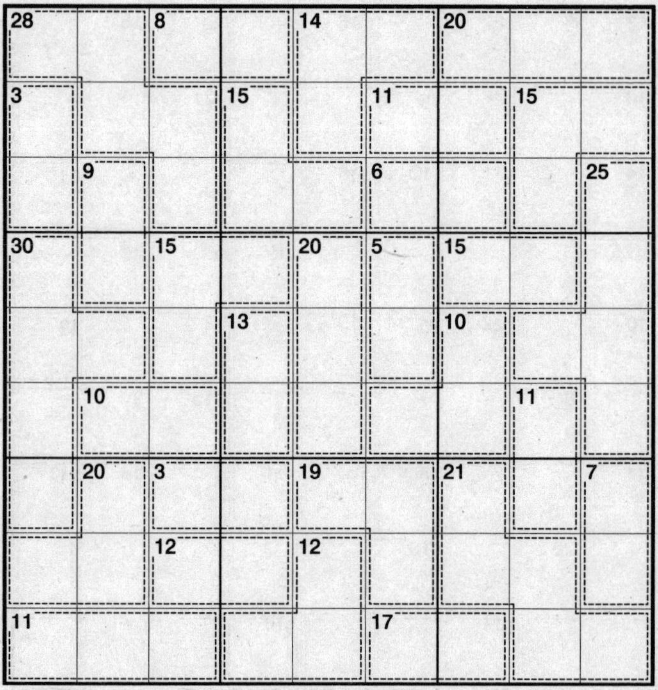

50 MINUTES

TIME TAKEN..........................

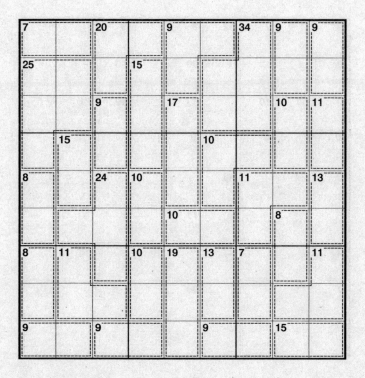

⏲ 50 MINUTES

TIME TAKEN...........................

Tough

30

⏲ 50 MINUTES

TIME TAKEN...........................

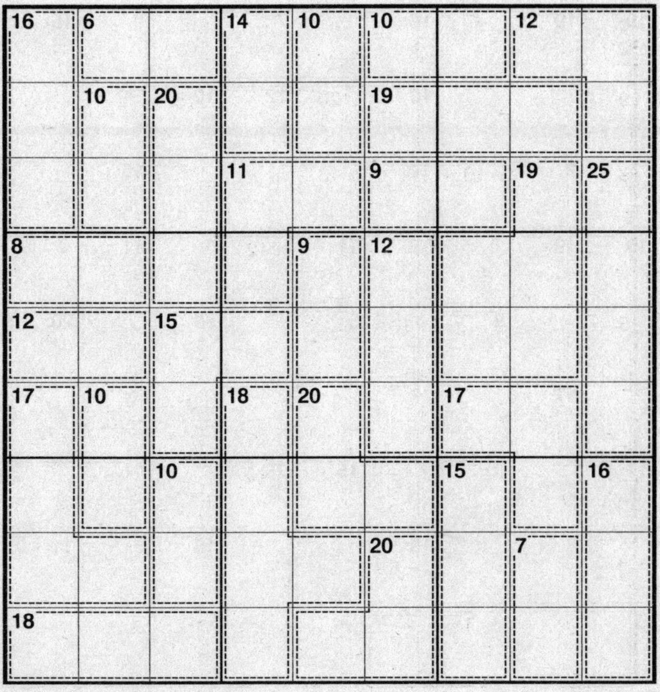
16
6
14
10
10
12
10
20
19
11
9
19
25
8
9
12
12
15
17
10
18
20
17
10
15
16
20
7
18

50 MINUTES

TIME TAKEN..........................

Tough

32

🕐 50 MINUTES

TIME TAKEN.............................

Tough

🕐 50 MINUTES

TIME TAKEN............................

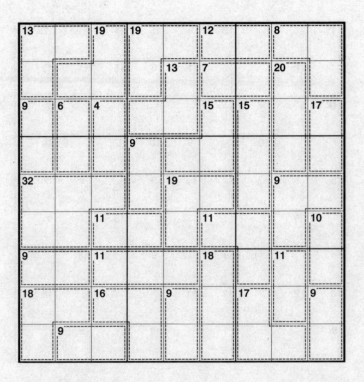

🕐 50 MINUTES

TIME TAKEN...........................

Tough

11	7		15		15	11		
18				12		15	11	12
10	5		14					
		19			10	9		19
15				16				
	26				9	15		9
			11				14	
13	12		12	11				16
					13			

⏱ 50 MINUTES

TIME TAKEN..........................

🕐 50 MINUTES

TIME TAKEN...........................

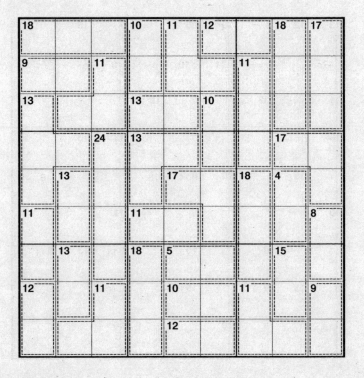

🕐 50 MINUTES

TIME TAKEN...........................

10		11	10		13	13		
17			11	10		8	10	
	15	12					24	
			13		14			
	10			14	8		12	8
10	11				11			
		11		12		11		11
13		7		12		16	10	
13		14						

🕐 50 MINUTES

TIME TAKEN...........................

Tough

⏲ 50 MINUTES

TIME TAKEN..........................

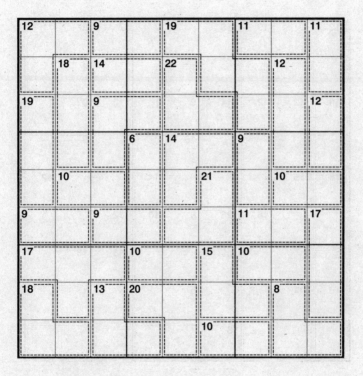

Tough

⏰ 55 MINUTES

TIME TAKEN..........................

TIME TAKEN...........................

Tough

44

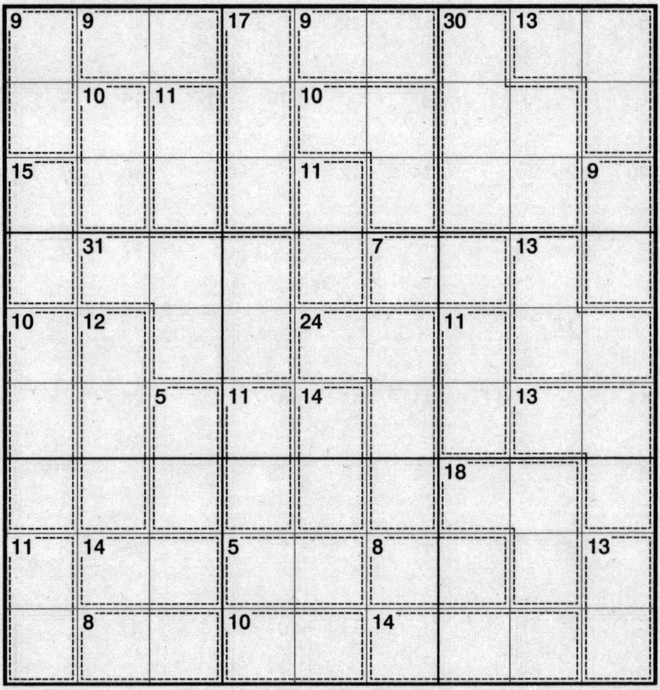

55 MINUTES

TIME TAKEN..........................

22	10	10	12			15		
			19			17	8	
	9	11					14	27
9			27					
	12	5	7				11	
11			10		20			
	19					13	13	
	25			10				
8			11		10		10	

🕐 55 MINUTES

TIME TAKEN............................

Tough

⏱ 55 MINUTES

TIME TAKEN............................

13	12			19	6		13	5
	15	11			12			
			13	6		7	9	9
14		15			11			
14			13	8		19	10	
8					18			27
	10		18	11				
					23	10		
14						12		

🕐 55 MINUTES

TIME TAKEN...........................

Tough

12	6		10		14		10	
16		23		6		18		
11						11		12
19		9		30				
	10		12			11		
10				7		20		
	10		15	10		14	16	
12	13							7
	10			7		14		

🕐 55 MINUTES

TIME TAKEN...........................

11	11		14	8	20	8		17
	12							
14	17		6		9	13	15	
				11				18
		10	21		14	12	3	
15	22							
						7		12
	11	14		20		18	12	
		10						

⏱ 55 MINUTES

TIME TAKEN............................

Tough

50

⏱ 55 MINUTES

TIME TAKEN...........................

12		15	13		10		11	
4	12		11	10			6	15
		11		12	11			
18					10	9	14	
		11		22			13	
8	20		7			9	10	
				9				11
10		25			11	24		
11								

🕐 1 HOUR

TIME TAKEN...........................

Deadly

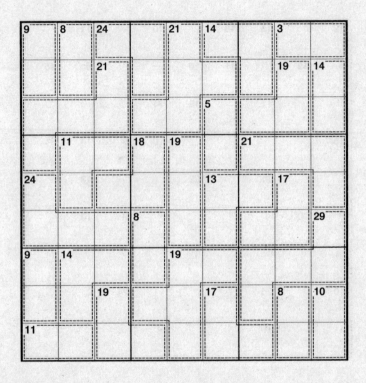

23			30	6		12	24	
	10						9	
18		8		18	11			
	9		5			19	10	12
		13						
17			13	11	12	11		
	19	9				15	7	
			11				12	
		18			13			

🕐 1 HOUR 5 MINUTES

TIME TAKEN............................

Deadly

🕐 1 HOUR 5 MINUTES

TIME TAKEN...........................

12		6		12	13	8	11	
6	14		11				20	
	15			8		32		11
		19	13	10				
13				12	13			
7							8	
	11	13			14		5	38
10		17		10				
	13							

⊕ 1 HOUR 5 MINUTES

TIME TAKEN...........................

Deadly

56

🕐 1 HOUR 5 MINUTES

TIME TAKEN............................

Big Book of Killer Su Doku

⏱ 1 HOUR 5 MINUTES

TIME TAKEN...........................

Deadly

🕐 1 HOUR 5 MINUTES

TIME TAKEN...........................

⏱ 1 HOUR 5 MINUTES

TIME TAKEN...........................

Deadly

60

🕐 1 HOUR 5 MINUTES

TIME TAKEN...........................

⏱ 1 HOUR 5 MINUTES

TIME TAKEN...........................

Deadly

⏱ 1 HOUR 5 MINUTES

TIME TAKEN............................

⏱ 1 HOUR 5 MINUTES

TIME TAKEN...........................

⏱ 1 HOUR 5 MINUTES

TIME TAKEN...........................

🕐 1 HOUR 5 MINUTES

TIME TAKEN............................

66

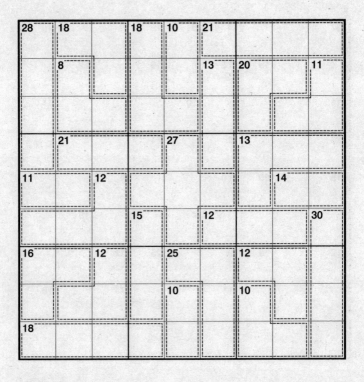

🕐 1 HOUR 5 MINUTES

TIME TAKEN...........................

⏱ 1 HOUR 5 MINUTES

TIME TAKEN...........................

Deadly

68

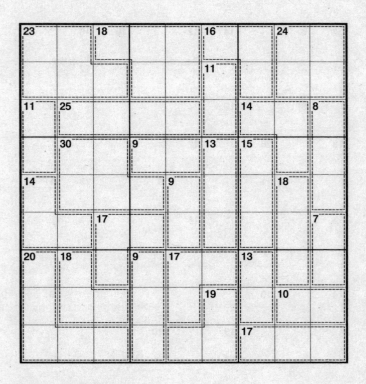

⏱ 1 HOUR 5 MINUTES

TIME TAKEN............................

Big Book of Killer Su Doku

⏱ 1 HOUR 5 MINUTES

TIME TAKEN...........................

⏱ **1 HOUR 5 MINUTES**

TIME TAKEN...........................

16 10 12 19
6 26 15 13 21
10
5 10 32 9
13 9 10 10
14 9 17
7 7 13 25 10
13 9 13
12 10

1 HOUR 5 MINUTES

TIME TAKEN..........................

Deadly

🕐 1 HOUR 5 MINUTES

TIME TAKEN...........................

Deadly

15	24			14				15
		9	10	17	17		9	
	12							
11		17	11	19			10	6
				12	9	13		
10							19	
27	12		11	21	13			
		6					23	
			13					

⏱ 1 HOUR 5 MINUTES

TIME TAKEN...........................

⏱ 1 HOUR 5 MINUTES

TIME TAKEN...........................

Deadly

⏱ 1 HOUR 10 MINUTES

TIME TAKEN...........................

⏱ 1 HOUR 10 MINUTES

TIME TAKEN............................

Deadly

⏱ 1 HOUR 10 MINUTES

TIME TAKEN..........................

Deadly

80

🕐 1 HOUR 10 MINUTES

TIME TAKEN...........................

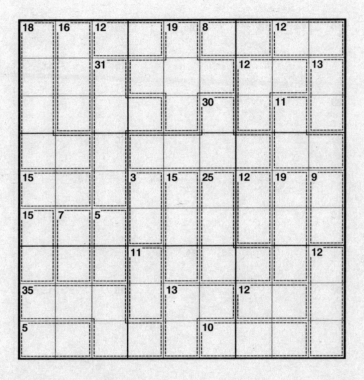

TIME TAKEN...........................

Deadly

10	14	13		32		25		
		5				15		12
23								
8		18		9		10	11	
		26			20		13	
10	11							11
			26	14	9			
9						13		13
7					18			

🕐 1 HOUR 10 MINUTES

TIME TAKEN..........................

31			23	11		14	5	
				30			18	12
14	10							
	6	21			15	10		
							14	
	13	18	19			9	7	
				8	24		9	18
22			13					
						11		

⏱ 1 HOUR 10 MINUTES

TIME TAKEN...........................

Deadly

🕐 1 HOUR 10 MINUTES

TIME TAKEN..........................

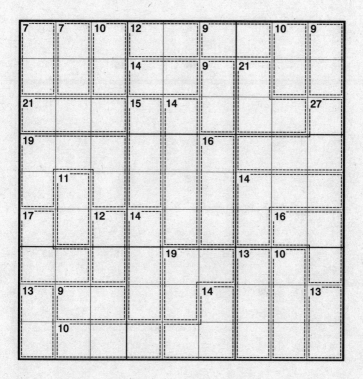

⏱ 1 HOUR 10 MINUTES

TIME TAKEN...........................

Deadly

⏱ 1 HOUR 10 MINUTES

TIME TAKEN...........................

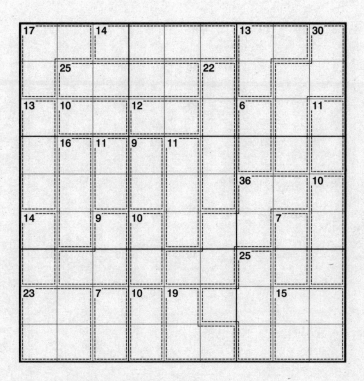

Deadly

88

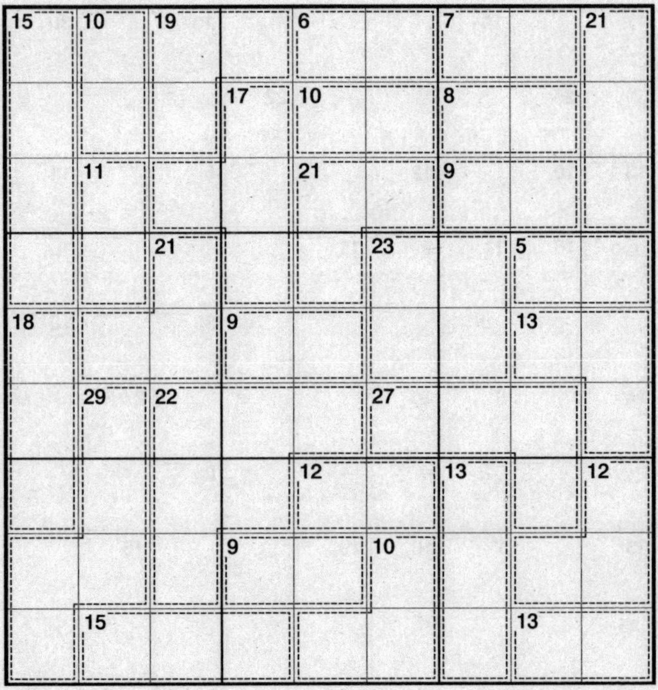

1 HOUR 10 MINUTES

TIME TAKEN..........................

⏱ 1 HOUR 10 MINUTES

TIME TAKEN...........................

Deadly

🕐 1 HOUR 10 MINUTES

TIME TAKEN...........................

TIME TAKEN...........................

Deadly

⏲ 1 HOUR 10 MINUTES

TIME TAKEN...........................

TIME TAKEN............................

Deadly

⏱ 1 HOUR 10 MINUTES

TIME TAKEN..........................

21		5		17		13		9
	8	13		12			29	
24			11					
				13		12	8	
11	18				32			13
						12	12	
16		14		19				11
						15		
	21			7			9	

🕐 1 HOUR 10 MINUTES

TIME TAKEN............................

Deadly

🕐 1 HOUR 10 MINUTES

TIME TAKEN...........................

🕐 1 HOUR 10 MINUTES

TIME TAKEN............................

Deadly

⏱ 1 HOUR 15 MINUTES

TIME TAKEN...........................

1 HOUR 15 MINUTES

TIME TAKEN...........................

Deadly

⏱ 1 HOUR 15 MINUTES

TIME TAKEN...........................

TIME TAKEN...........................

Deadly

102

TIME TAKEN.........................

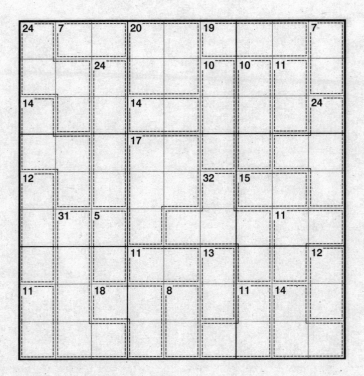

Deadly

31		11		19	11		12	
						13		
	12	15			9		7	12
20		19		10				
		9		14		11	11	
	9		32				10	
		8					10	
16		8		9	14	10	22	
	11							

🕐 1 HOUR 15 MINUTES

TIME TAKEN...........................

Big Book of Killer Su Doku

⏱ 1 HOUR 15 MINUTES

TIME TAKEN.............................

Deadly

PUZZLES
Book Three

1

🕐 16 MINUTES

TIME TAKEN............................

Moderate

2

🕐 17 MINUTES

TIME TAKEN............................

3

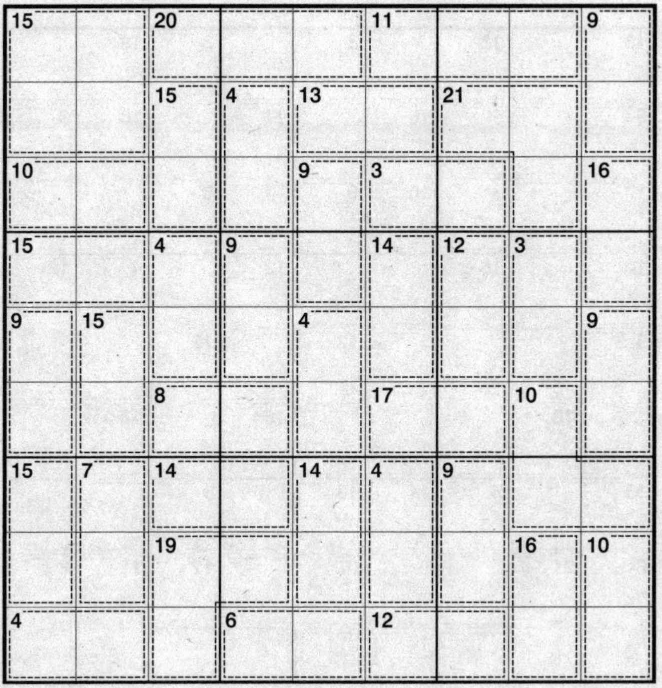
15 20 11 9
15 4 13 21
10 9 3 16
15 4 9 14 12 3
9 15 4 9
8 17 10
15 7 14 14 4 9
19 16 10
4 6 12

17 MINUTES

TIME TAKEN..........................

Moderate

4

⏱ 17 MINUTES

TIME TAKEN.............................

Big Book of Killer Su Doku

12		13		4	20	3		14
4	18	11				9		
			8			7	16	
9		12		17	8		9	
15	5	20				7		8
				9		17		
9	17	4		12	16		33	
					4			
9		21					5	

🕐 17 MINUTES

TIME TAKEN...........................

Moderate

⏲ 17 MINUTES

TIME TAKEN............................

⏲ 18 MINUTES

TIME TAKEN............................

Moderate

⏱ 19 MINUTES

TIME TAKEN............................

⏱ 20 MINUTES

TIME TAKEN...........................

Moderate

10

Big Book of Killer Su Doku

Killer sudoku grid with cage totals:
12, 17, 18, 6, 5, 15
12, 15, 19, 24
10
12, 11, 11, 23, 13
11, 10
9, 19, 4, 8
10, 13, 12, 18
22, 12, 17, 5, 12

⏱ 32 MINUTES

TIME TAKEN..........................

Tricky

⏱ 35 MINUTES

TIME TAKEN...........................

🕐 35 MINUTES

TIME TAKEN............................

Tricky

14

🕐 35 MINUTES

TIME TAKEN............................

Big Book of Killer Su Doku

33			23			22		
		10		14		17		
12	11		9		4		13	7
				18				
5		11			9		11	
5	3	23	10		12	19	11	12
				10				
28			22				21	

🕐 38 MINUTES

TIME TAKEN.............................

Tricky

⏱ 40 MINUTES

TIME TAKEN............................

13	4	10		21	13		10	13
		6			11			
12	14		10			10		
15	18		6		17		13	
11		19		9				
	9					14		
17			19		9		19	
18			14					
11	9					11		

🕐 40 MINUTES

TIME TAKEN.............................

Tricky

18

⏱ 42 MINUTES

TIME TAKEN............................

14	15	7	14		7		11	
			26	17	19			
5		7					12	
11					10			8
20		10		13			11	
11		18	24			17		27
			11					
5				12			10	
9		13			11			

🕐 42 MINUTES

TIME TAKEN...........................

Tricky

🕐 42 MINUTES

TIME TAKEN...........................

24	16		11		11	18		
	12	19	13		11	10		
						6		
11			9	16			15	
12		22		9	13			
9						8		
14	15			29		9		
18					12		15	
	11			7				

🕐 50 MINUTES

TIME TAKEN...........................

Tough

⏱ 50 MINUTES

TIME TAKEN..........................

19	6		9	12			17	
	26	8		13		12		15
		12						
	11	13	8		16			20
16			7	17				
10					11			
	7	17		6		11		
10	12	11			7	18		9
		19						

(L) 50 MINUTES

TIME TAKEN...........................

Tough

⏱ 50 MINUTES

TIME TAKEN.............................

18			10	16		7	10	
8	9	13			18		10	
			9			11	12	
11			11				13	17
17	10			16		6		
		20						7
	31	9		9	13	26		
			13				5	11
			9					

🕐 50 MINUTES

TIME TAKEN............................

Tough

⏱ 50 MINUTES

TIME TAKEN............................

16	6	20	14		11	9	12	
							13	
	25		30	14				13
		12			8		32	
			19					
23	7		15					6
				20		9		
	12		6	20		13		11
9								

⏱ 50 MINUTES

TIME TAKEN...........................

Tough

⏱ 50 MINUTES

TIME TAKEN...........................

Tough

🕐 50 MINUTES

TIME TAKEN.............................

9		17	8	14		11	13	9
12				8				
	12	11		11		13	9	
			7	17			10	12
25					10			
29		10		12		9	20	
					13		17	
	6		13					
11		15				12		

🕐 50 MINUTES

TIME TAKEN...........................

Tough

9		12		9	9	32		5
19	12							
		13	10	13	6			8
17					9			
		10	31	10	26	15	12	
19								13
		19					15	
10				10				10
		11			11			

🕐 50 MINUTES

TIME TAKEN...........................

26	7		32			12		9
	7	12	4		17			
13							15	
	19		13		13	10		
17		15	3					
	16		19		10	32		
10						9		
15		5		13				
	11		10			11		

🕐 50 MINUTES

TIME TAKEN............................

Tough

⏲ 50 MINUTES

TIME TAKEN...........................

16	10		22			7		19
		9			22			
15	3	15				10	13	10
			32					
5		17			9		7	
11	12	8				8	10	13
			19	22	13			
13							15	
	11					9		

🕐 50 MINUTES

TIME TAKEN............................

Tough

⏲ 50 MINUTES

TIME TAKEN...........................

17			14	19		7		34
14		5				10		
7	11		6	10	9			
		17				15		
8	11		30			16		18
				10			11	
10	13			9	10			
		11			16	14	9	
14								

⏱ 50 MINUTES

TIME TAKEN............................

Tough

⏲ 50 MINUTES

TIME TAKEN...........................

22		9		16		9		7
11		12	22			7		
	19			9	8		22	
					6		10	
14		11	6	11		17		13
				17			5	
	13		25		17			20
18		12						
				17				

⏱ 50 MINUTES

TIME TAKEN...........................

Tough

40

⏱ 55 MINUTES

TIME TAKEN............................

Big Book of Killer Su Doku

Tough

42

⏱ 55 MINUTES

TIME TAKEN...........................

⏲ 55 MINUTES

TIME TAKEN..........................

Tough

⏱ 55 MINUTES

TIME TAKEN...........................

14	8	13	21		13			
				7		23	26	
10			9	8	19			
9	10						14	
		31		14				
			10			16		9
16	9	10			8		15	
			20	11				10
11						11		

🕐 55 MINUTES

TIME TAKEN.............................

Tough

46

🕐 55 MINUTES

TIME TAKEN............................

9 · 11 · 12 · 9 · 12

9 · 17 · 12 · 15 · 16 · 6

13 · 8

22 · 18 · 24

9 · 13 · 6

8 · 14 · 14 · 13 · 15

11 · 17 · 11

10 · 9

7 · 15 · 15 · 5

🕐 55 MINUTES

TIME TAKEN...........................

Tough

⏰ 55 MINUTES

TIME TAKEN.............................

(L) 55 MINUTES

TIME TAKEN.........................

Tough

Big Book of Killer Su Doku

⏰ 1 HOUR

TIME TAKEN.............................

Deadly

⏱ 1 HOUR

TIME TAKEN..........................

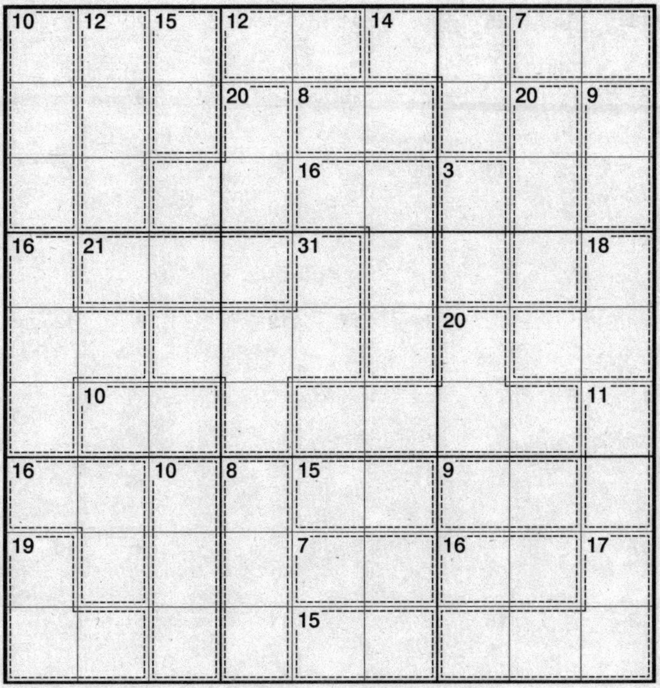
10 12 15 12 14 7
20 8 20 9
16 3
16 21 31 18
20
10 11
16 10 8 15 9
19 7 16 17
15

1 HOUR 5 MINUTES

TIME TAKEN.............................

54

🕐 1 HOUR 5 MINUTES

TIME TAKEN...........................

🕐 1 HOUR 5 MINUTES

TIME TAKEN...........................

56

🕐 1 HOUR 5 MINUTES

TIME TAKEN............................

🕐 1 HOUR 5 MINUTES

TIME TAKEN............................

Deadly

🕐 1 HOUR 5 MINUTES

TIME TAKEN..........................

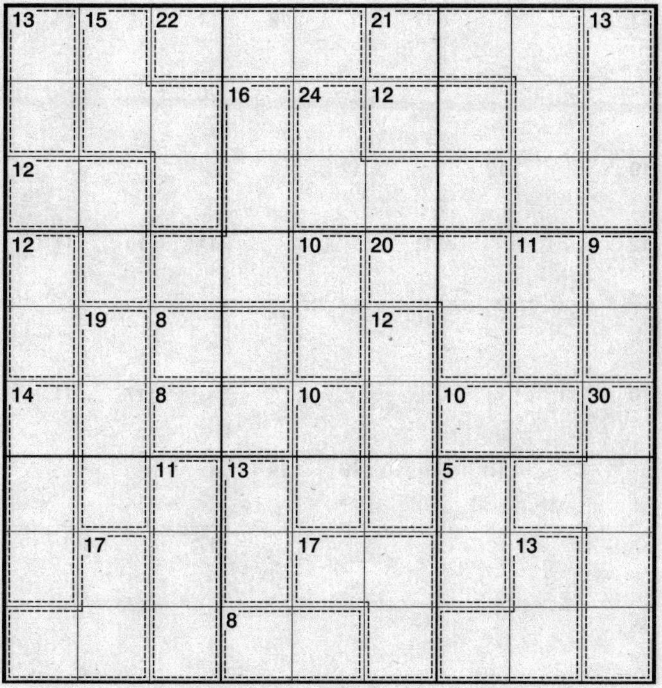

1 HOUR 5 MINUTES

TIME TAKEN...........................

60

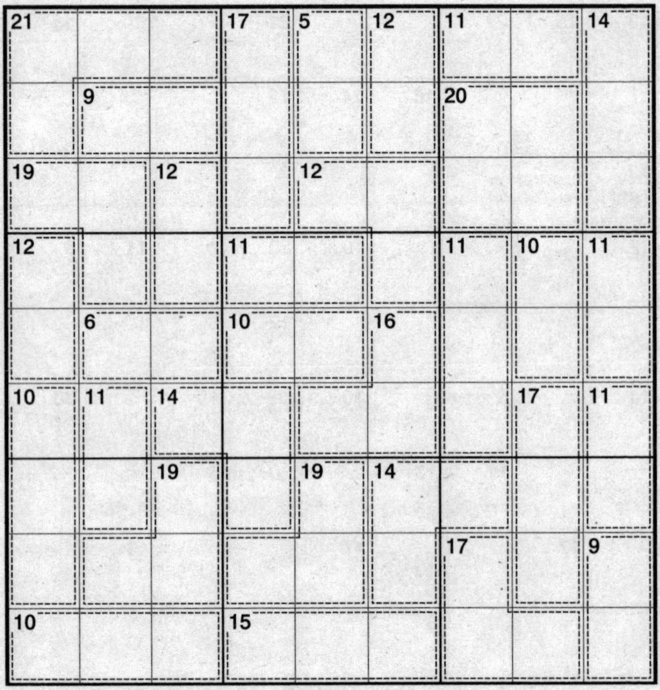

1 HOUR 5 MINUTES

TIME TAKEN.............................

TIME TAKEN.............................

Deadly

⏱ 1 HOUR 5 MINUTES

TIME TAKEN...........................

🕐 1 HOUR 5 MINUTES

TIME TAKEN...........................

Deadly

🕐 1 HOUR 5 MINUTES

TIME TAKEN...........................

17	12	13			7		31	
		10	16	6		5		
	11			18	12	19		
17							16	
		26					10	
7				9		11		13
13	10		11					
	12	10	15		18	13		
			3				14	

🕐 1 HOUR 5 MINUTES

TIME TAKEN.............................

Deadly

11	11	11			19	11		11
		10	9	19				
10						18		
26			9		13	10		10
21		17				25	11	
			11	14				
						13		
20		6	15		9		27	
					8			

🕐 1 HOUR 5 MINUTES

TIME TAKEN...........................

6		9		21			14	
19	16	6	9	11				
20					9	11		14
	12		28		11			
	10					5		13
9	8		6		10		22	
	10			7	8	7		
15	16							12
		16			15			

🕐 1 HOUR 5 MINUTES

TIME TAKEN.............................

Deadly

6	22			11	12			8
	6		13		8	17		
20		7				13	12	
	22		15	14	19		18	
11		14				13		21
			5	20	7			
13	9					9		12
	17				11			

🕐 1 HOUR 5 MINUTES

TIME TAKEN...........................

Big Book of Killer Su Doku

⏱ 1 HOUR 5 MINUTES

TIME TAKEN...........................

Deadly

⏲ 1 HOUR 5 MINUTES

TIME TAKEN..........................

15 12 16 12 7
19 8 12 8 12
10 9 11
20 25
14 14 11 13
13 13 11 13 9
15
11 20 22 13 10
7

1 HOUR 5 MINUTES

TIME TAKEN............................

⏱ 1 HOUR 5 MINUTES

TIME TAKEN............................

🕐 1 HOUR 5 MINUTES

TIME TAKEN...........................

Deadly

⏰ 1 HOUR 10 MINUTES

TIME TAKEN...........................

🕐 1 HOUR 10 MINUTES

TIME TAKEN..........................

(clock icon) 1 HOUR 10 MINUTES

TIME TAKEN...........................

1 HOUR 10 MINUTES

TIME TAKEN..........................

Deadly

🕐 1 HOUR 10 MINUTES

TIME TAKEN..........................

Deadly

⏱ 1 HOUR 10 MINUTES

TIME TAKEN...........................

23				16		10	11	
13	5		6				11	
	7		11	32	11	9	11	12
12		15						
						9	8	
19		9		10	14			18
	11	9					8	
7		10		11		12		
	12		12				11	

🕐 1 HOUR 10 MINUTES

TIME TAKEN...........................

Deadly

82

10	19			13	16		12	
		26			10			6
13		10		17	7		12	
	16				11			36
26		10			9		14	
		11	10			7		
	13				30		12	
			8					
10		11						

⏱ 1 HOUR 10 MINUTES

TIME TAKEN...........................

Deadly

⏱ 1 HOUR 10 MINUTES

TIME TAKEN............................

⏱ 1 HOUR 10 MINUTES

TIME TAKEN...........................

Deadly

🕐 1 HOUR 10 MINUTES

TIME TAKEN............................

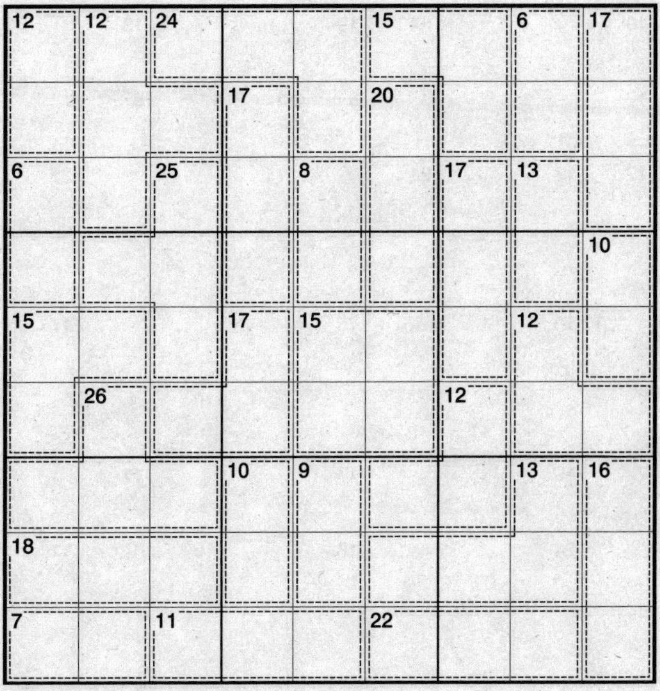
12 12 24 15 6 17
17 20
6 25 8 17 13
10
15 17 15 12
26 12
10 9 13 16
18
7 11 22

1 HOUR 10 MINUTES

TIME TAKEN............................

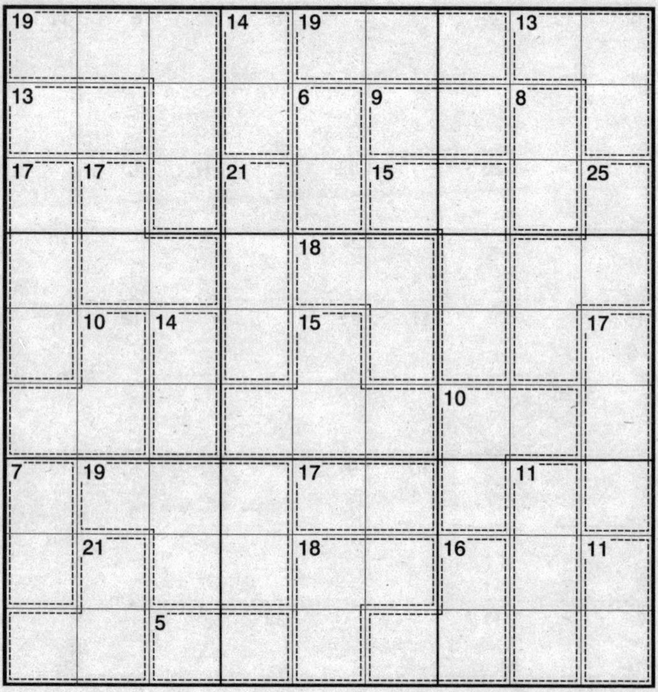

1 HOUR 10 MINUTES

TIME TAKEN..........................

19			11			9		16
	32					15		
	11	13		15	11		20	
19						7		12
	5			14				
	14	17		11			13	9
18				10	8			
	13	12				32		
			19					

🕐 1 HOUR 15 MINUTES

TIME TAKEN............................

Deadly

4		16	13	19				10
20				17	19		11	
	11	10				14		16
7		15	11	26			11	
13				26		10		25
	13				12			
17							13	
		16			10			

🕐 1 HOUR 15 MINUTES

TIME TAKEN...........................

TIME TAKEN...........................

Deadly

🕐 1 HOUR 15 MINUTES

TIME TAKEN............................

Deadly

⏱ 1 HOUR 15 MINUTES

TIME TAKEN..........................

18			14		7		13	10
9	9			15	13			
	14	10			15		5	11
10			21		12			
		18			11		9	
9	14	20					13	
			30					16
11		9	10		29			

🕐 1 HOUR 15 MINUTES

TIME TAKEN...........................

Deadly

🕐 1 HOUR 15 MINUTES

TIME TAKEN...........................

11		19			5		12	
13			16	25				19
7				16		17		
13			15		13	9		
31	9						12	
	15				10		19	14
	10		7					
	7	5	13	21		22		

🕐 1 HOUR 15 MINUTES

TIME TAKEN....,.........,..........

Deadly

98

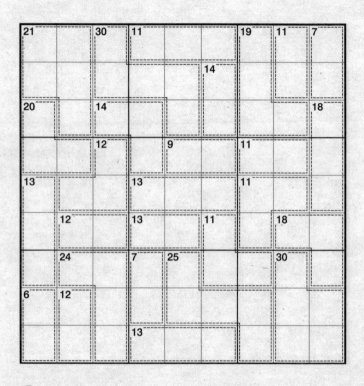

🕐 1 HOUR 15 MINUTES

TIME TAKEN...........................

⏲ 1 HOUR 15 MINUTES

TIME TAKEN..........................

Deadly

8	9	11		9	25	15	16	
		9					14	
17	26		7	11				
						11		19
	8		12	19				
11				20			11	18
10		11						
12	12		14	5		9		
				17			9	

🕐 1 HOUR 15 MINUTES

TIME TAKEN...........................

Big Book of Killer Su Doku

14	5	10		11	30			10
		13					13	
	14		14					7
20		6	27	10		14		
16					11			
	13				5	32		
	13	12				14		
		22		12	18			
9							10	

🕐 1 HOUR 15 MINUTES

TIME TAKEN...........................

Deadly

102

🕐 1 HOUR 15 MINUTES

TIME TAKEN............................

Big Book of Killer Su Doku

14	17		10		11		18	
		8		20		19		
	18				12			
	12	11	13	11	10		13	
31						11		25
			14	11				
	17			14				
		11	12			26		11
				5				

🕐 1 HOUR 15 MINUTES

TIME TAKEN...........................

Deadly

⏱ 1 HOUR 15 MINUTES

TIME TAKEN...........................

12	7		9		15	27		
	19	12		9			13	
		18						
11			28	10		8	17	
					26		8	8
9	11		5					
		11		19		13		6
11			8	15		17		
	14						9	

🕐 1 HOUR 15 MINUTES

TIME TAKEN..........................

Deadly

SOLUTIONS

1

1	3	2	8	4	6	7	5	9
8	4	6	7	9	5	3	2	1
5	7	9	2	1	3	8	4	6
4	6	3	1	7	8	2	9	5
7	1	5	9	6	2	4	8	3
2	9	8	5	3	4	1	6	7
9	5	7	4	8	1	6	3	2
3	8	1	6	2	9	5	7	4
6	2	4	3	5	7	9	1	8

2

4	3	9	1	5	8	2	6	7
8	2	6	7	9	4	5	1	3
7	5	1	6	3	2	9	8	4
2	9	5	4	7	1	8	3	6
6	8	7	9	2	3	1	4	5
1	4	3	5	8	6	7	9	2
3	1	8	2	4	5	6	7	9
5	7	4	8	6	9	3	2	1
9	6	2	3	1	7	4	5	8

3

3	5	9	7	8	4	1	6	2
1	2	7	6	3	5	9	4	8
4	6	8	1	2	9	7	3	5
6	3	1	2	9	8	4	5	7
7	4	5	3	1	6	2	8	9
8	9	2	5	4	7	3	1	6
2	8	3	9	5	1	6	7	4
9	7	4	8	6	3	5	2	1
5	1	6	4	7	2	8	9	3

4

4	1	2	6	9	3	5	7	8
5	9	3	4	8	7	6	2	1
6	8	7	1	5	2	9	4	3
8	3	6	5	4	9	7	1	2
9	5	1	2	7	8	4	3	6
2	7	4	3	1	6	8	9	5
1	4	8	9	2	5	3	6	7
3	2	5	7	6	4	1	8	9
7	6	9	8	3	1	2	5	4

5

9	5	4	1	6	8	3	2	7
3	8	6	5	2	7	1	4	9
2	1	7	9	4	3	6	5	8
8	9	3	2	7	1	5	6	4
5	6	2	4	8	9	7	3	1
4	7	1	6	3	5	9	8	2
1	2	5	3	9	4	8	7	6
6	3	8	7	1	2	4	9	5
7	4	9	8	5	6	2	1	3

6

2	7	5	3	4	9	1	8	6
3	4	6	2	8	1	7	9	5
8	1	9	5	7	6	2	3	4
9	5	8	4	2	3	6	1	7
6	2	1	7	9	8	5	4	3
4	3	7	1	6	5	8	2	9
5	9	3	6	1	2	4	7	8
1	8	4	9	5	7	3	6	2
7	6	2	8	3	4	9	5	1

7

7	3	6	8	5	2	4	9	1
4	9	1	7	6	3	8	2	5
2	5	8	4	1	9	6	3	7
8	1	3	5	2	7	9	4	6
9	4	5	1	3	6	7	8	2
6	7	2	9	4	8	5	1	3
3	6	9	2	7	4	1	5	8
1	8	7	3	9	5	2	6	4
5	2	4	6	8	1	3	7	9

8

7	1	2	4	5	8	9	6	3
6	8	3	1	2	9	5	7	4
5	4	9	3	7	6	2	8	1
2	7	5	9	6	1	3	4	8
8	3	6	7	4	5	1	9	2
1	9	4	8	3	2	7	5	6
4	5	8	2	9	3	6	1	7
9	2	1	6	8	7	4	3	5
3	6	7	5	1	4	8	2	9

9

3	6	2	8	5	4	9	1	7
7	9	5	6	1	3	4	8	2
8	4	1	2	9	7	5	6	3
6	3	4	9	2	5	1	7	8
2	1	9	7	4	8	6	3	5
5	7	8	1	3	6	2	9	4
9	5	3	4	8	1	7	2	6
1	8	7	5	6	2	3	4	9
4	2	6	3	7	9	8	5	1

10

7	2	9	4	1	8	3	5	6
6	1	8	7	5	3	2	4	9
3	5	4	2	6	9	1	7	8
9	3	7	8	2	4	6	1	5
1	6	2	9	7	5	8	3	4
8	4	5	6	3	1	7	9	2
4	8	6	1	9	7	5	2	3
5	9	1	3	8	2	4	6	7
2	7	3	5	4	6	9	8	1

11

2	5	8	6	4	1	7	3	9
9	4	3	8	2	7	6	1	5
1	6	7	9	5	3	4	8	2
7	3	4	2	8	6	9	5	1
6	1	2	7	9	5	8	4	3
5	8	9	3	1	4	2	7	6
4	7	1	5	6	2	3	9	8
8	2	5	4	3	9	1	6	7
3	9	6	1	7	8	5	2	4

12

8	5	9	2	3	6	7	4	1
3	1	7	9	4	8	5	2	6
2	6	4	5	1	7	8	9	3
6	8	2	1	7	5	4	3	9
4	7	3	6	8	9	2	1	5
1	9	5	3	2	4	6	8	7
7	3	6	4	9	2	1	5	8
5	4	1	8	6	3	9	7	2
9	2	8	7	5	1	3	6	4

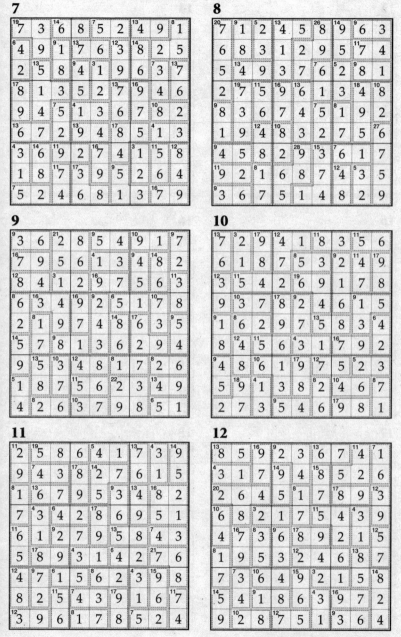

Solutions – Book One

13

14

15

16

17

18

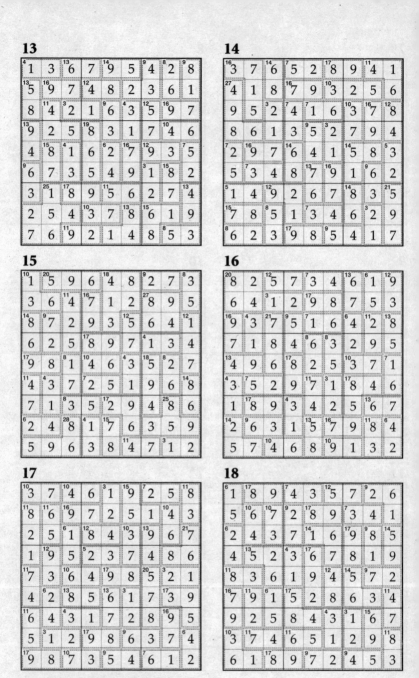

Big Book of Killer Su Doku

19

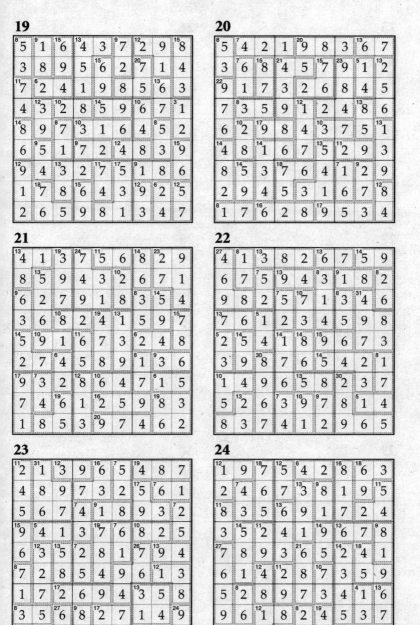

20

21

22

23

24

25

[8]2 6 [12]1 [25]5 9 3 [9]8 4 [27]7
[19]9 [13]5 7 [9]2 [10]4 8 1 3 6
3 8 4 7 6 [19]1 2 5 9
7 [11]3 8 [13]9 [7]5 2 4 [8]6 [9]1
[11]6 1 [16]9 4 [11]3 7 5 2 8
4 [9]2 5 [7]1 8 [25]6 9 7 3
[27]8 7 2 6 [8]1 [8]5 3 [10]9 [6]4
5 9 3 [11]8 7 [10]4 6 1 2
1 4 6 3 [11]2 9 [20]7 8 5

26

[11]5 6 [18]1 [17]7 9 [6]2 [10]8 [7]3 4
[14]7 [5]3 8 [6]6 1 4 2 [15]9 [12]5
4 2 9 5 [10]3 [13]8 [10]1 6 7
2 [11]4 [11]3 8 7 5 9 [24]1 [14]6
1 7 [10]6 4 [19]2 9 3 5 8
[12]9 [13]8 5 1 6 3 7 4 2
3 [13]9 4 [19]2 8 [18]6 5 7 [13]1
[14]6 [6]1 [9]2 9 [13]5 7 [10]4 [10]8 3
8 5 7 [7]3 4 1 6 2 9

27

[12]9 3 [9]2 [6]4 [17]7 1 [10]6 [13]5 8
[13]5 [7]6 7 2 9 [26]8 4 [8]1 [12]3
8 1 [12]4 [8]5 6 3 9 7 2
[13]4 9 8 3 [12]5 7 [9]2 6 1
[11]6 5 [12]1 8 [6]4 2 7 [25]3 9
[8]7 [10]2 3 [10]9 1 [13]6 5 8 [11]4
1 8 [16]9 6 2 5 [12]3 [18]4 7
[5]2 [11]7 [11]6 1 [31]3 4 8 9 5
3 4 5 7 8 9 1 [8]2 6

28

[21]9 [10]1 5 [18]8 3 7 [16]2 4 [14]6
2 4 [26]6 [15]9 [6]1 5 7 3 8
3 7 8 6 [32]4 [3]2 [9]5 [10]9 1
[11]6 2 9 3 5 1 4 [13]8 [9]7
[12]7 3 [5]1 [13]4 6 8 9 5 2
5 [13]8 4 2 [20]7 9 1 6 [12]3
[13]1 5 [10]3 7 [19]4 8 [11]6 2 9
8 [13]9 7 [5]5 2 [9]6 3 [5]1 4
4 6 2 1 9 3 [20]8 7 5

29

[20]8 5 [6]2 [18]3 1 [7]7 4 [28]9 6
7 [4]3 4 8 6 9 [3]1 2 5
[15]6 1 [12]9 4 [15]5 2 [10]7 3 8
9 [6]2 3 5 [12]7 8 [7]6 1 [7]4
[6]1 4 [17]8 9 2 [11]6 5 [15]7 3
5 [13]7 6 [12]1 3 [5]4 [10]2 8 [11]9
[15]3 [14]9 5 7 4 1 8 [10]6 2
2 [15]8 7 [9]6 [25]9 5 [12]3 4 [13]1
4 6 1 2 8 3 9 5 7

30

[22]8 4 [9]3 [14]5 9 [10]2 [14]6 1 7
9 1 6 [20]7 4 8 [10]2 [26]3 [11]5
[12]7 5 [7]2 6 3 1 [7]8 9 4
[11]4 7 5 [10]9 1 6 [10]3 8 2
[10]1 [10]2 8 [27]3 5 [20]4 7 6 [16]9
3 6 9 8 2 7 [16]4 5 1
[8]5 3 [15]4 2 [26]8 9 [10]1 7 6
[17]6 8 1 [4]4 7 5 9 [6]2 [11]3
2 9 7 1 6 [8]3 5 4 8

31

7	1	3	5	6	8	4	2	9
5	8	9	1	2	4	6	7	3
4	2	6	3	7	9	8	5	1
1	6	5	9	3	2	7	8	4
9	4	2	7	8	5	3	1	6
3	7	8	4	1	6	5	9	2
2	3	4	8	5	1	9	6	7
8	9	1	6	4	7	2	3	5
6	5	7	2	9	3	1	4	8

32

3	2	9	5	1	4	8	6	7
5	7	8	9	2	6	3	1	4
1	4	6	8	3	7	2	9	5
6	3	5	7	9	8	1	4	2
4	9	2	6	5	1	7	8	3
8	1	7	2	4	3	6	5	9
9	6	1	3	7	5	4	2	8
2	8	3	4	6	9	5	7	1
7	5	4	1	8	2	9	3	6

33

1	2	3	4	9	7	5	6	8
6	8	9	2	5	1	7	4	3
5	7	4	6	3	8	2	9	1
3	5	7	9	6	2	8	1	4
4	6	1	3	8	5	9	7	2
2	9	8	7	1	4	3	5	6
9	4	2	1	7	3	6	8	5
8	3	6	5	4	9	1	2	7
7	1	5	8	2	6	4	3	9

34

6	8	1	5	3	4	9	2	7
4	2	3	8	7	9	5	6	1
5	7	9	6	1	2	3	8	4
1	9	4	2	8	5	6	7	3
3	6	7	4	9	1	8	5	2
8	5	2	3	6	7	1	4	9
9	1	8	7	4	6	2	3	5
2	4	6	1	5	3	7	9	8
7	3	5	9	2	8	4	1	6

35

4	2	7	8	5	6	9	3	1
1	9	8	3	2	7	6	5	4
6	3	5	9	1	4	8	2	7
3	1	9	5	4	8	7	6	2
8	6	2	1	7	3	5	4	9
5	7	4	6	9	2	3	1	8
9	8	1	4	6	5	2	7	3
2	4	6	7	3	9	1	8	5
7	5	3	2	8	1	4	9	6

36

6	4	1	5	9	7	3	8	2
2	5	3	8	1	4	7	6	9
7	9	8	6	2	3	5	4	1
3	1	4	2	7	6	8	9	5
5	8	2	9	3	1	6	7	4
9	6	7	4	5	8	1	2	3
8	3	9	7	4	5	2	1	6
1	2	6	3	8	9	4	5	7
4	7	5	1	6	2	9	3	8

37

9	1	6	4	2	7	5	8	3
2	7	4	8	3	5	9	6	1
8	5	3	1	9	6	4	7	2
1	9	2	6	7	4	8	3	5
7	6	5	3	1	8	2	9	4
4	3	8	9	5	2	6	1	7
3	8	7	5	4	9	1	2	6
6	4	1	2	8	3	7	5	9
5	2	9	7	6	1	3	4	8

38

7	3	9	4	6	8	1	2	5
2	5	6	9	7	1	4	8	3
8	1	4	2	3	5	7	9	6
1	9	7	3	5	2	8	6	4
5	8	2	7	4	6	3	1	9
4	6	3	1	8	9	5	7	2
3	2	5	6	1	7	9	4	8
6	4	1	8	9	3	2	5	7
9	7	8	5	2	4	6	3	1

39

1	3	4	5	2	8	7	9	6
2	8	5	6	9	7	4	1	3
6	7	9	3	1	4	8	5	2
9	5	7	1	6	3	2	8	4
4	6	3	2	8	9	1	7	5
8	2	1	7	4	5	6	3	9
7	9	6	8	5	2	3	4	1
5	1	8	4	3	6	9	2	7
3	4	2	9	7	1	5	6	8

40

5	6	3	8	2	7	1	4	9
9	1	7	3	6	4	8	2	5
8	2	4	9	5	1	6	7	3
2	5	6	7	3	9	4	8	1
3	4	9	1	8	2	5	6	7
7	8	1	5	4	6	9	3	2
6	9	8	2	7	5	3	1	4
4	7	5	6	1	3	2	9	8
1	3	2	4	9	8	7	5	6

41

7	2	4	1	5	8	6	9	3
5	6	3	2	9	4	1	7	8
1	9	8	6	7	3	2	5	4
9	3	7	5	4	2	8	1	6
2	8	6	3	1	7	5	4	9
4	1	5	9	8	6	3	2	7
3	4	1	8	2	9	7	6	5
8	5	9	7	6	1	4	3	2
6	7	2	4	3	5	9	8	1

42

4	5	8	7	2	1	6	9	3
6	7	3	5	8	9	2	1	4
1	9	2	4	3	6	5	7	8
2	3	9	1	6	8	4	5	7
8	4	7	2	5	3	9	6	1
5	6	1	9	7	4	8	3	2
9	1	6	3	4	2	7	8	5
7	8	4	6	1	5	3	2	9
3	2	5	8	9	7	1	4	6

43

4	3	2	7	1	8	9	5	6
7	5	1	9	6	2	4	3	8
8	9	6	5	4	3	2	7	1
6	4	7	2	9	5	1	8	3
9	1	3	8	7	6	5	4	2
2	8	5	4	3	1	6	9	7
1	7	9	3	2	4	8	6	5
3	2	8	6	5	9	7	1	4
5	6	4	1	8	7	3	2	9

44

8	1	2	5	6	9	4	3	7
5	3	7	8	2	4	9	6	1
9	4	6	1	7	3	2	8	5
4	5	1	7	9	8	3	2	6
7	8	3	6	5	2	1	9	4
6	2	9	3	4	1	5	7	8
1	6	8	9	3	5	7	4	2
2	9	5	4	8	7	6	1	3
3	7	4	2	1	6	8	5	9

45

9	2	7	8	1	4	3	6	5
3	6	1	7	5	2	8	9	4
8	4	5	6	9	3	2	7	1
1	3	6	5	4	8	9	2	7
5	7	8	3	2	9	4	1	6
2	9	4	1	6	7	5	8	3
4	8	3	9	7	6	1	5	2
7	1	2	4	8	5	6	3	9
6	5	9	2	3	1	7	4	8

46

1	8	5	6	4	9	3	7	2
3	7	9	5	1	2	6	4	8
2	4	6	3	8	7	9	1	5
6	5	1	2	7	3	8	9	4
8	9	7	4	6	5	2	3	1
4	3	2	8	9	1	7	5	6
9	2	4	1	3	6	5	8	7
7	6	8	9	5	4	1	2	3
5	1	3	7	2	8	4	6	9

47

1	6	8	3	5	2	9	7	4
3	9	7	6	1	4	8	2	5
4	5	2	8	9	7	3	1	6
7	8	6	4	3	1	2	5	9
5	1	9	7	2	8	4	6	3
2	3	4	9	6	5	7	8	1
6	7	1	2	4	9	5	3	8
8	4	3	5	7	6	1	9	2
9	2	5	1	8	3	6	4	7

48

7	2	4	6	3	1	9	5	8
5	1	6	9	8	7	4	3	2
9	8	3	2	4	5	1	6	7
4	6	9	1	2	3	8	7	5
3	7	2	8	5	4	6	9	1
8	5	1	7	6	9	3	2	4
6	9	8	5	1	2	7	4	3
1	3	5	4	7	6	2	8	9
2	4	7	3	9	8	5	1	6

49

7	1	3	2	4	9	8	5	6
2	6	5	3	1	8	9	4	7
9	8	4	7	5	6	3	2	1
3	9	6	8	7	2	5	1	4
1	7	2	5	9	4	6	8	3
4	5	8	6	3	1	7	9	2
5	3	9	1	2	7	4	6	8
8	2	7	4	6	5	1	3	9
6	4	1	9	8	3	2	7	5

50

4	1	3	7	8	5	2	9	6
6	2	8	1	3	9	7	5	4
5	9	7	2	6	4	1	3	8
9	4	2	3	5	8	6	1	7
1	7	5	4	2	6	9	8	3
8	3	6	9	1	7	5	4	2
2	8	1	6	9	3	4	7	5
3	6	4	5	7	1	8	2	9
7	5	9	8	4	2	3	6	1

51

5	8	6	1	9	2	4	3	7
2	4	3	5	6	7	9	1	8
1	9	7	3	4	8	6	5	2
9	6	5	8	7	3	1	2	4
7	3	8	2	1	4	5	6	9
4	1	2	6	5	9	7	8	3
8	5	4	7	2	1	3	9	6
3	7	1	9	8	6	2	4	5
6	2	9	4	3	5	8	7	1

52

2	9	5	8	4	7	3	1	6
3	1	6	5	2	9	8	7	4
8	4	7	1	3	6	5	2	9
6	5	3	9	8	1	7	4	2
1	2	4	6	7	3	9	8	5
9	7	8	4	5	2	6	3	1
7	3	1	2	6	5	4	9	8
4	6	9	3	1	8	2	5	7
5	8	2	7	9	4	1	6	3

53

6	7	8	3	4	9	1	2	5
1	9	3	7	2	5	8	4	6
4	2	5	6	8	1	7	9	3
2	8	9	5	3	4	6	7	1
5	4	6	1	7	2	9	3	8
3	1	7	9	6	8	4	5	2
9	6	1	2	5	7	3	8	4
8	3	2	4	9	6	5	1	7
7	5	4	8	1	3	2	6	9

54

7	5	1	2	3	9	6	8	4
9	3	2	4	6	8	5	1	7
6	8	4	1	7	5	3	2	9
5	2	8	6	4	1	9	7	3
1	9	3	7	5	2	8	4	6
4	6	7	9	8	3	2	5	1
2	1	6	5	9	7	4	3	8
3	7	9	8	2	4	1	6	5
8	4	5	3	1	6	7	9	2

Big Book of Killer Su Doku

55

2	8	5	9	1	6	7	3	4
9	6	4	7	3	2	8	1	5
3	1	7	8	4	5	6	9	2
1	9	3	5	6	8	2	4	7
8	7	2	4	9	3	5	6	1
5	4	6	1	2	7	9	8	3
4	2	1	6	7	9	3	5	8
6	3	8	2	5	1	4	7	9
7	5	9	3	8	4	1	2	6

56

3	8	1	2	5	4	7	9	6
5	9	4	3	7	6	1	2	8
2	6	7	1	9	8	3	5	4
1	3	6	8	2	7	5	4	9
4	2	8	5	3	9	6	1	7
7	5	9	6	4	1	2	8	3
8	7	2	9	6	5	4	3	1
6	1	5	4	8	3	9	7	2
9	4	3	7	1	2	8	6	5

57

6	7	4	3	5	1	8	2	9
9	5	8	7	2	6	1	4	3
1	3	2	4	9	8	7	5	6
2	9	5	1	3	7	4	6	8
4	1	3	8	6	9	2	7	5
8	6	7	2	4	5	9	3	1
5	4	9	6	8	2	3	1	7
3	8	1	5	7	4	6	9	2
7	2	6	9	1	3	5	8	4

58

1	2	4	6	3	8	7	5	9
6	7	3	1	5	9	8	2	4
9	8	5	2	4	7	6	1	3
5	4	2	7	6	1	9	3	8
3	6	1	9	8	4	5	7	2
8	9	7	3	2	5	1	4	6
7	3	6	5	9	2	4	8	1
4	5	9	8	1	3	2	6	7
2	1	8	4	7	6	3	9	5

59

1	9	7	3	5	6	2	8	4
2	6	8	7	1	4	9	5	3
4	5	3	8	9	2	1	6	7
5	8	9	4	2	7	6	3	1
7	2	4	1	6	3	5	9	8
3	1	6	5	8	9	7	4	2
8	7	5	9	4	1	3	2	6
9	3	2	6	7	8	4	1	5
6	4	1	2	3	5	8	7	9

60

4	6	8	7	5	2	9	3	1
1	7	5	3	4	9	8	2	6
3	9	2	1	6	8	4	5	7
9	4	1	2	3	5	6	7	8
7	2	3	8	1	6	5	4	9
8	5	6	9	7	4	3	1	2
2	8	4	5	9	7	1	6	3
6	3	7	4	8	1	2	9	5
5	1	9	6	2	3	7	8	4

61

[17]9	4	[18]8	3	[11]1	2	[13]7	6	[17]5
3	1	7	[12]5	8	[8]6	2	[13]9	4
[13]6	[7]2	[11]5	7	[13]9	4	3	1	8
7	5	6	[12]8	4	[19]9	[11]1	2	[25]3
[19]2	9	[5]4	1	[11]5	3	8	7	6
8	[9]3	[10]1	[13]2	6	7	[9]4	5	9
[5]1	6	9	4	7	[24]8	[14]5	3	[11]2
4	[23]7	3	9	2	5	6	8	1
5	8	[11]2	6	3	[10]1	9	[11]4	7

62

[10]7	3	[11]2	[9]1	[25]5	4	[19]6	9	[10]8
[12]1	5	9	8	[11]6	7	4	[9]3	2
[13]4	6	[10]8	2	3	9	5	1	[20]7
8	1	[7]4	3	2	[11]5	[13]7	6	9
[11]9	2	[8]3	[19]7	8	6	[9]1	[10]5	4
[13]6	7	5	4	[10]9	1	8	2	3
[10]5	[8]8	6	[14]9	[11]4	[5]3	2	[14]7	1
2	[10]9	1	5	7	[11]8	[16]3	4	6
3	[17]4	7	6	1	2	9	[13]8	5

63

[17]1	7	9	[13]5	8	[10]4	[8]2	6	[12]3
[12]4	8	[7]5	2	[12]3	6	[8]7	1	9
[8]2	6	[10]3	[13]7	9	[9]1	5	[12]4	8
[31]5	3	7	6	[6]2	8	4	[10]9	1
8	[10]1	[6]2	[15]3	4	[21]9	[13]6	7	[7]5
6	9	4	1	5	7	[9]3	[11]8	2
9	[9]2	[8]8	4	7	5	1	3	[13]6
3	4	1	[15]9	6	[22]2	8	[11]5	7
[18]7	5	6	[9]8	1	3	9	2	4

64

[14]3	1	8	[12]5	7	[19]9	6	4	[28]2
[25]7	2	[10]6	1	3	[10]4	5	9	8
5	9	4	[10]8	2	6	[10]7	3	1
[8]2	6	[12]5	[10]4	[12]9	1	3	[15]8	7
[27]8	3	7	6	[20]5	2	[14]4	1	9
9	4	1	[12]3	8	7	[10]2	[11]6	5
[8]1	7	2	9	[7]6	[17]3	8	[15]5	[13]4
[10]4	[13]8	[5]3	2	1	5	9	7	6
6	5	[16]9	7	[12]4	8	1	2	3

65

[12]1	9	2	[11]3	[10]4	6	[21]7	8	[11]5
[10]7	[9]5	4	8	[10]1	[12]9	3	6	2
3	[20]8	[11]6	5	2	7	[10]1	9	4
[27]6	7	5	[13]1	3	[10]8	2	[13]4	9
8	4	[10]1	9	[12]2	[6]6	[19]5	[10]3	[7]6
9	[11]2	3	6	5	4	8	7	1
[9]4	1	8	[9]7	[14]9	5	6	[12]2	3
5	[11]6	[16]9	2	[12]8	3	[14]4	1	7
2	3	7	[10]4	6	1	9	[13]5	8

66

[9]1	8	[9]5	4	[12]7	2	3	[15]9	6
[14]3	[14]9	[13]6	[13]1	[13]8	5	4	[9]2	7
2	4	7	3	9	[20]6	1	[13]5	8
4	1	[19]8	[15]7	[9]3	9	5	[13]6	2
5	[10]3	2	8	6	[17]1	9	7	4
[19]6	7	9	[11]5	2	4	[14]8	[7]3	1
8	5	[5]3	2	[8]1	7	6	4	[14]9
[26]9	[27]2	1	6	4	[11]3	[21]7	8	5
7	6	4	9	5	8	2	1	3

Big Book of Killer Su Doku

67

1	2	5	8	6	3	9	4	7
7	6	4	5	2	9	8	1	3
9	3	8	7	1	4	5	2	6
5	8	7	2	9	1	3	6	4
6	4	2	3	5	7	1	9	8
3	1	9	4	8	6	2	7	5
8	5	6	1	4	2	7	3	9
2	9	3	6	7	8	4	5	1
4	7	1	9	3	5	6	8	2

68

2	3	9	8	6	5	1	4	7
8	5	7	4	1	3	9	6	2
1	4	6	2	7	9	5	3	8
5	7	8	9	3	6	4	2	1
4	1	2	7	5	8	6	9	3
9	6	3	1	2	4	7	8	5
3	8	1	6	4	7	2	5	9
6	2	5	3	9	1	8	7	4
7	9	4	5	8	2	3	1	6

69

2	5	6	7	4	3	8	1	9
7	3	1	5	8	9	4	2	6
4	9	8	6	1	2	5	7	3
1	2	4	8	3	7	9	6	5
6	7	3	2	9	5	1	8	4
9	8	5	4	6	1	2	3	7
3	1	2	9	7	4	6	5	8
8	4	7	1	5	6	3	9	2
5	6	9	3	2	8	7	4	1

70

9	3	5	6	8	7	2	4	1
2	8	1	4	9	5	7	6	3
6	4	7	1	2	3	9	5	8
8	6	3	9	1	4	5	7	2
4	7	2	5	6	8	1	3	9
5	1	9	3	7	2	6	8	4
1	2	4	7	3	6	8	9	5
3	9	6	8	5	1	4	2	7
7	5	8	2	4	9	3	1	6

71

5	3	7	8	9	6	1	2	4
2	4	1	5	3	7	6	9	8
6	8	9	1	4	2	3	7	5
3	7	5	9	8	1	4	6	2
9	2	6	3	7	4	8	5	1
8	1	4	2	6	5	7	3	9
4	5	8	6	2	3	9	1	7
7	6	2	4	1	9	5	8	3
1	9	3	7	5	8	2	4	6

72

9	8	1	4	5	7	3	2	6
3	4	7	1	2	6	5	9	8
6	2	5	3	8	9	1	7	4
2	5	8	9	7	4	6	3	1
4	3	9	6	1	5	7	8	2
1	7	6	2	3	8	9	4	5
7	6	4	5	9	2	8	1	3
8	1	2	7	6	3	4	5	9
5	9	3	8	4	1	2	6	7

73

5	4	3	2	7	8	9	6	1
1	2	9	4	3	6	7	8	5
7	8	6	5	9	1	4	2	3
3	1	7	9	5	2	8	4	6
8	6	4	3	1	7	2	5	9
9	5	2	8	6	4	3	1	7
4	7	5	6	8	9	1	3	2
2	3	1	7	4	5	6	9	8
6	9	8	1	2	3	5	7	4

74

3	1	9	4	5	6	8	2	7
8	4	5	3	2	7	6	9	1
6	2	7	8	1	9	4	3	5
7	5	8	9	6	4	3	1	2
4	3	2	5	7	1	9	8	6
1	9	6	2	8	3	5	7	4
9	6	1	7	4	8	2	5	3
5	8	4	1	3	2	7	6	9
2	7	3	6	9	5	1	4	8

75

3	5	4	7	9	2	6	8	1
2	1	9	3	6	8	7	5	4
6	7	8	4	5	1	2	3	9
1	3	6	9	7	5	4	2	8
5	4	2	8	3	6	9	1	7
9	8	7	2	1	4	5	6	3
8	6	5	1	4	7	3	9	2
4	9	1	5	2	3	8	7	6
7	2	3	6	8	9	1	4	5

76

9	2	1	3	5	7	6	4	8
6	5	4	8	1	2	9	3	7
3	8	7	6	9	4	5	2	1
1	3	8	2	4	6	7	5	9
5	6	9	7	3	1	4	8	2
7	4	2	5	8	9	3	1	6
4	7	3	1	6	8	2	9	5
8	9	6	4	2	5	1	7	3
2	1	5	9	7	3	8	6	4

77

9	6	5	2	1	7	3	8	4
1	3	2	8	9	4	7	5	6
8	7	4	3	5	6	9	1	2
5	4	8	9	3	1	2	6	7
6	2	9	5	7	8	1	4	3
3	1	7	4	6	2	8	9	5
4	9	1	7	2	5	6	3	8
7	8	6	1	4	3	5	2	9
2	5	3	6	8	9	4	7	1

78

3	4	7	9	1	2	6	8	5
8	5	6	4	7	3	2	9	1
9	1	2	5	8	6	3	4	7
6	9	1	8	3	5	7	2	4
7	2	3	1	4	9	5	6	8
4	8	5	6	2	7	1	3	9
1	7	9	3	6	8	4	5	2
5	6	4	2	9	1	8	7	3
2	3	8	7	5	4	9	1	6

Big Book of Killer Su Doku

79

8	2	3	1	9	4	7	6	5
6	1	7	8	3	5	9	4	2
5	9	4	6	2	7	1	3	8
9	4	1	3	7	8	2	5	6
7	6	5	2	4	9	3	8	1
2	3	8	5	1	6	4	9	7
3	8	2	4	6	1	5	7	9
1	5	9	7	8	3	6	2	4
4	7	6	9	5	2	8	1	3

80

9	4	2	1	8	5	3	7	6
8	6	3	4	7	9	5	1	2
5	1	7	2	3	6	9	4	8
2	5	6	7	9	1	8	3	4
4	8	1	3	6	2	7	9	5
7	3	9	8	5	4	2	6	1
3	2	4	9	1	8	6	5	7
1	9	5	6	2	7	4	8	3
6	7	8	5	4	3	1	2	9

81

8	2	5	9	6	3	1	4	7
4	7	1	5	2	8	6	9	3
3	6	9	4	1	7	5	2	8
9	8	3	7	4	5	2	6	1
1	4	6	3	9	2	7	8	5
7	5	2	1	8	6	4	3	9
6	3	7	8	5	4	9	1	2
2	9	8	6	7	1	3	5	4
5	1	4	2	3	9	8	7	6

82

8	4	2	5	1	7	3	6	9
6	9	3	4	2	8	1	7	5
7	1	5	3	6	9	4	2	8
9	5	6	1	4	2	7	8	3
3	8	4	7	9	5	2	1	6
2	7	1	6	8	3	9	5	4
1	2	8	9	5	4	6	3	7
5	3	9	2	7	6	8	4	1
4	6	7	8	3	1	5	9	2

83

8	4	7	2	9	5	3	6	1
2	3	5	8	1	6	9	7	4
1	6	9	3	4	7	2	8	5
6	7	2	5	3	8	4	1	9
5	1	8	9	2	4	7	3	6
4	9	3	7	6	1	8	5	2
7	2	4	1	5	3	6	9	8
9	8	1	6	7	2	5	4	3
3	5	6	4	8	9	1	2	7

84

6	1	9	4	5	7	2	8	3
8	5	7	3	9	2	6	4	1
2	4	3	6	1	8	5	9	7
7	9	1	2	3	5	8	6	4
5	6	4	7	8	1	9	3	2
3	8	2	9	4	6	1	7	5
4	7	5	1	6	9	3	2	8
1	3	6	8	2	4	7	5	9
9	2	8	5	7	3	4	1	6

85

2	6	8	5	4	1	7	3	9
3	5	4	9	2	7	6	8	1
9	7	1	3	8	6	5	4	2
8	3	2	7	1	9	4	5	6
7	9	5	6	3	4	2	1	8
1	4	6	2	5	8	3	9	7
5	8	3	1	6	2	9	7	4
6	1	7	4	9	5	8	2	3
4	2	9	8	7	3	1	6	5

86

2	4	3	9	7	5	6	8	1
5	9	8	2	6	1	7	4	3
7	1	6	8	3	4	2	5	9
9	7	5	3	8	6	4	1	2
3	8	2	4	1	9	5	7	6
1	6	4	7	5	2	3	9	8
8	5	9	6	4	3	1	2	7
4	3	7	1	2	8	9	6	5
6	2	1	5	9	7	8	3	4

87

1	3	5	2	9	7	6	8	4
7	8	6	3	1	4	2	9	5
2	4	9	5	8	6	3	7	1
3	6	7	8	4	1	5	2	9
5	9	2	6	7	3	4	1	8
4	1	8	9	2	5	7	3	6
9	7	4	1	6	2	8	5	3
6	5	1	7	3	8	9	4	2
8	2	3	4	5	9	1	6	7

88

4	6	9	5	7	3	1	2	8
2	5	7	9	1	8	3	6	4
3	1	8	6	4	2	7	9	5
8	4	2	7	5	9	6	3	1
5	7	1	2	3	6	8	4	9
6	9	3	1	8	4	2	5	7
7	3	6	4	9	1	5	8	2
1	2	4	8	6	5	9	7	3
9	8	5	3	2	7	4	1	6

89

3	4	6	5	2	8	1	9	7
2	7	9	6	1	4	5	3	8
5	1	8	7	3	9	4	2	6
8	9	3	1	4	2	6	7	5
7	2	5	9	8	6	3	1	4
4	6	1	3	7	5	2	8	9
9	5	2	8	6	1	7	4	3
1	8	7	4	5	3	9	6	2
6	3	4	2	9	7	8	5	1

90

3	8	2	9	6	4	5	1	7
6	5	1	3	8	7	9	4	2
7	4	9	1	5	2	6	8	3
8	2	3	4	9	1	7	5	6
9	1	5	7	2	6	8	3	4
4	6	7	8	3	5	1	2	9
1	7	8	6	4	3	2	9	5
2	9	4	5	7	8	3	6	1
5	3	6	2	1	9	4	7	8

Big Book of Killer Su Doku

91

1	7	6	8	5	2	9	3	4
3	5	9	7	6	4	2	1	8
2	8	4	3	1	9	7	6	5
7	3	1	6	2	8	4	5	9
5	6	8	4	9	1	3	2	7
9	4	2	5	3	7	6	8	1
4	2	5	1	7	3	8	9	6
6	9	7	2	8	5	1	4	3
8	1	3	9	4	6	5	7	2

92

9	4	8	1	5	3	6	7	2
5	2	3	7	4	6	1	8	9
1	7	6	9	2	8	3	4	5
8	5	7	3	6	4	2	9	1
4	1	9	2	7	5	8	3	6
3	6	2	8	9	1	7	5	4
7	9	4	6	3	2	5	1	8
6	3	1	5	8	9	4	2	7
2	8	5	4	1	7	9	6	3

93

5	8	1	4	6	7	2	3	9
7	2	3	9	5	1	8	6	4
6	9	4	8	2	3	5	1	7
9	5	8	6	4	2	1	7	3
4	3	2	7	1	9	6	8	5
1	7	6	3	8	5	9	4	2
2	1	7	5	3	8	4	9	6
3	6	5	1	9	4	7	2	8
8	4	9	2	7	6	3	5	1

94

3	5	2	9	1	8	4	7	6
9	4	7	2	5	6	1	8	3
6	1	8	7	3	4	2	9	5
8	3	6	4	2	7	9	5	1
1	9	4	5	6	3	7	2	8
2	7	5	8	9	1	6	3	4
7	8	1	3	4	2	5	6	9
4	2	9	6	8	5	3	1	7
5	6	3	1	7	9	8	4	2

95

5	4	3	7	6	1	8	2	9
7	9	6	4	8	2	5	1	3
1	8	2	5	3	9	6	4	7
6	3	7	1	2	8	4	9	5
9	1	8	3	4	5	7	6	2
2	5	4	9	7	6	3	8	1
8	2	1	6	5	7	9	3	4
3	6	5	2	9	4	1	7	8
4	7	9	8	1	3	2	5	6

96

3	1	4	8	9	7	6	2	5
2	7	8	1	5	6	9	4	3
5	9	6	4	3	2	7	1	8
4	8	7	6	1	9	3	5	2
9	6	3	2	8	5	4	7	1
1	2	5	7	4	3	8	6	9
7	4	9	5	2	8	1	3	6
8	5	1	3	6	4	2	9	7
6	3	2	9	7	1	5	8	4

97

8	1	5	9	2	9	3	15	8	7	19	4	6
7	10	8	11	3	1	6	6	4	2	16	5	9
15	6	2	10	4	7	14	5	10	9	1	3	12	8
2	7	6	16	5	9	19	1	3	8	4
13	4	6	1	5	3	8	6	15	9	15	7	2
9	11	3	8	26	4	7	2	6	1	5
14	3	4	1	6	7	2	5	19	8	9	11	7
13	8	6	7	9	12	4	8	3	5	2	1
5	19	9	2	8	1	7	10	4	6	3

98

14	1	2	16	8	15	9	6	11	3	11	4	7	18	5
4	7	6	2	13	5	8	26	3	9	1
14	9	3	25	5	7	1	11	4	6	8	2
2	11	1	3	8	11	9	7	12	5	6	4
6	4	9	15	3	2	13	5	7	18	1	8
13	8	5	7	1	4	6	5	2	3	9
10	3	13	9	4	13	6	18	8	2	18	1	12	5	7
7	19	8	2	5	3	10	1	9	6	4	9	6
5	6	5	1	4	7	9	8	2	3

99

7	2	17	9	8	11	3	1	13	6	7	9	5	4
5	7	4	3	7	14	2	8	10	9	1	17	6
14	7	14	6	10	1	5	12	9	4	14	2	3	8
6	8	4	15	9	3	8	1	5	7	11	2
1	5	3	2	6	19	5	7	13	8	10	4	9
19	9	7	14	5	5	4	8	2	3	6	13	1
3	11	2	9	1	6	17	5	33	4	8	7
8	1	9	7	2	25	4	3	6	9	5
9	4	5	6	8	7	9	1	2	3

100

28	7	9	8	10	3	6	2	4	7	5	7	1	6
4	12	5	1	7	14	8	15	6	2	31	9	7	3
26	3	9	2	6	1	5	9	8	7	4
9	7	13	4	8	1	2	6	8	3	5
8	3	5	19	4	6	12	7	1	11	2	9
6	1	5	2	9	15	3	5	19	7	4	8
20	1	6	3	8	2	4	8	12	9	13	5	10	7
7	5	4	9	6	21	7	14	1	3	8	2
2	15	8	7	5	9	3	4	6	1

101

19	4	9	5	15	7	8	14	6	22	1	2	3
1	15	8	2	5	4	3	9	7	16	6
13	6	11	7	18	3	10	9	8	2	1	13	5	4	8
7	4	9	1	6	17	5	8	3	2
10	5	3	6	11	8	11	9	2	4	1	17	7
2	9	1	8	3	17	7	10	4	6	25	9	5
21	8	6	7	11	2	1	9	3	5	4
14	9	5	4	6	3	20	7	9	2	8	1
3	2	5	1	4	5	8	7	15	6	9

102

6	5	26	8	19	4	6	9	11	7	1	3	7	2
1	7	9	2	11	8	3	10	4	6	5
13	3	2	16	6	5	4	1	11	5	24	9	7	8
8	1	7	13	5	2	4	32	3	9	13	6
10	4	6	2	8	10	3	15	9	5	1	7
17	9	5	3	10	1	7	6	8	2	4
11	2	9	6	5	3	6	19	8	7	4	13	1
17	7	4	1	27	9	13	5	2	6	15	8	3
6	3	8	7	5	4	1	2	5	9

Big Book of Killer Su Doku

103

1	2	4	5	8	3	6	9	7
9	6	8	2	4	7	3	5	1
3	7	5	9	6	1	2	8	4
4	3	2	6	5	9	7	1	8
5	1	6	7	3	8	4	2	9
8	9	7	1	2	4	5	3	6
6	4	3	8	1	2	9	7	5
7	5	1	3	9	6	8	4	2
2	8	9	4	7	5	1	6	3

104

2	1	8	9	4	6	3	5	7
3	9	5	7	1	2	8	4	6
4	7	6	3	5	8	9	1	2
1	2	7	4	3	5	6	8	9
9	6	3	8	7	1	4	2	5
8	5	4	6	2	9	7	3	1
7	3	2	5	9	4	1	6	8
5	8	9	1	6	3	2	7	4
6	4	1	2	8	7	5	9	3

105

8	7	9	3	6	4	2	5	1
4	3	5	7	2	1	6	8	9
2	6	1	9	8	5	7	4	3
9	8	6	2	4	7	1	3	5
3	1	7	5	9	6	8	2	4
5	2	4	8	1	3	9	6	7
1	9	8	4	3	2	5	7	6
6	5	3	1	7	8	4	9	2
7	4	2	6	5	9	3	1	8

106

9	8	6	7	4	3	5	1	2
5	1	7	6	8	2	3	9	4
4	3	2	1	5	9	8	6	7
7	2	5	3	6	4	9	8	1
3	4	1	9	2	8	6	7	5
6	9	8	5	1	7	2	4	3
8	6	3	2	7	1	4	5	9
1	5	9	4	3	6	7	2	8
2	7	4	8	9	5	1	3	6

107

2	3	1	5	6	7	9	8	4
6	8	5	3	9	4	7	1	2
4	7	9	1	8	2	5	3	6
3	9	6	7	1	5	2	4	8
1	5	2	4	3	8	6	7	9
7	4	8	9	2	6	1	5	3
9	1	7	2	4	3	8	6	5
5	6	3	8	7	9	4	2	1
8	2	4	6	5	1	3	9	7

108

9	4	1	7	3	5	2	6	8
3	8	6	9	2	4	1	5	7
7	5	2	8	6	1	4	3	9
1	3	8	5	4	7	9	2	6
2	7	4	3	9	6	8	1	5
5	6	9	2	1	8	7	4	3
4	9	3	6	8	2	5	7	1
8	1	5	4	7	3	6	9	2
6	2	7	1	5	9	3	8	4

109

(12)5	3	4	(12)1	2	9	(13)6	7	(13)8
(12)1	2	8	4	7	(20)6	9	5	3
9	(13)7	6	(26)8	(8)3	(6)5	1	(5)4	2
(9)3	(18)8	9	7	5	(13)4	(17)2	1	(10)6
2	1	(12)5	9	6	3	7	8	4
4	(10)6	7	2	(17)8	(28)1	3	9	(17)5
(26)6	4	(10)3	5	9	7	8	2	1
7	5	2	(9)6	(13)1	8	(7)4	3	9
8	(10)9	1	3	4	(7)2	5	(13)6	7

110

(4)4	(8)7	1	(28)9	(10)3	5	(10)6	(11)2	8
9	(15)3	8	7	2	(7)6	4	(14)5	1
(16)2	5	6	4	(20)8	1	(10)3	9	(12)7
8	1	(21)4	2	9	3	7	(9)6	5
6	9	5	1	(13)7	(12)4	(9)8	3	(11)2
(9)7	2	(27)3	(13)5	6	8	1	(17)4	9
(19)3	6	9	8	(5)1	(23)2	5	7	(7)4
5	8	7	(11)6	4	9	(11)2	1	3
1	4	2	3	5	7	9	(14)8	6

111

(9)8	(24)9	(8)5	3	(13)7	6	(14)4	2	1
1	6	(7)3	(18)4	9	(8)2	5	(11)8	7
2	7	4	(11)8	5	1	(14)6	3	(12)9
(9)6	(9)5	2	1	(21)4	9	8	(8)7	3
3	4	(35)7	(12)5	(16)2	8	(11)9	1	(15)6
(10)9	1	8	7	6	(10)3	2	5	4
(24)5	3	6	9	8	7	(12)1	4	(19)2
4	2	(10)1	(9)6	3	(12)5	7	9	8
7	8	9	2	1	4	(14)3	6	5

112

(5)2	(20)7	(17)8	(16)6	9	1	(17)3	(9)4	5
3	4	1	(10)8	2	5	9	(14)6	(15)7
(18)6	9	5	(8)7	(11)4	(5)3	2	1	8
8	(11)6	3	1	7	(26)4	5	2	(16)9
4	5	(11)9	2	(11)8	6	(10)7	3	1
(6)1	2	7	(8)5	3	9	(12)4	8	6
5	(13)1	4	3	(18)6	7	(19)8	9	2
(19)9	8	(16)6	4	5	2	(11)1	(12)7	(7)3
7	3	2	9	1	8	6	5	4

113

(14)4	1	6	3	(9)8	(15)2	5	(9)7	(20)9
(22)5	(15)7	3	(9)4	1	(19)9	8	2	6
9	8	2	5	(11)6	7	(19)3	1	4
8	(8)6	4	(13)1	5	3	7	9	(10)2
(11)1	2	5	7	(19)9	4	6	(7)3	8
7	(20)3	(17)9	6	2	8	(10)1	4	(9)5
3	9	8	2	7	(7)6	4	5	1
(8)6	(12)5	7	(13)9	4	1	(10)2	8	3
2	(13)4	1	8	(17)3	5	9	(13)6	7

114

(15)1	5	(12)9	3	(26)8	7	(26)6	(6)2	4
2	4	3	(13)9	5	6	8	7	(12)1
(10)6	(15)8	(13)7	4	(9)1	(11)2	(12)9	5	3
4	7	6	5	3	9	2	1	8
(8)3	(19)9	2	(21)8	6	(6)1	5	(11)4	7
5	(13)1	8	7	(9)2	(12)4	(11)3	(15)9	(11)6
9	3	(13)4	2	7	8	1	6	5
(15)8	(8)2	1	6	(13)4	5	7	(12)3	9
7	6	(6)5	1	9	3	(14)4	8	2

115

4	2	5	7	8	9	6	3	1
1	8	3	4	6	5	9	7	2
7	9	6	3	2	1	8	5	4
9	1	8	5	4	7	2	6	3
3	7	2	6	1	8	4	9	5
5	6	4	2	9	3	7	1	8
6	3	7	8	5	2	1	4	9
8	4	9	1	3	6	5	2	7
2	5	1	9	7	4	3	8	6

116

6	5	2	9	3	8	1	7	4
7	1	8	4	5	2	6	3	9
9	3	4	7	6	1	8	5	2
1	2	5	3	9	6	7	4	8
4	9	3	8	7	5	2	6	1
8	6	7	1	2	4	5	9	3
2	4	9	6	1	7	3	8	5
5	8	6	2	4	3	9	1	7
3	7	1	5	8	9	4	2	6

117

2	7	3	6	9	5	1	4	8
8	1	4	2	3	7	9	6	5
9	6	5	1	8	4	2	7	3
5	2	7	9	1	3	6	8	4
4	9	1	8	5	6	3	2	7
3	8	6	4	7	2	5	9	1
7	4	9	3	2	1	8	5	6
1	5	2	7	6	8	4	3	9
6	3	8	5	4	9	7	1	2

118

2	3	1	8	6	4	7	9	5
6	8	4	9	5	7	2	1	3
9	7	5	2	1	3	6	4	8
5	9	8	7	4	2	1	3	6
7	1	3	6	8	5	4	2	9
4	6	2	1	3	9	8	5	7
3	4	7	5	2	8	9	6	1
1	2	9	3	7	6	5	8	4
8	5	6	4	9	1	3	7	2

119

8	3	5	1	6	2	9	7	4
2	1	4	5	9	7	3	6	8
9	6	7	8	4	3	5	1	2
1	7	3	2	5	8	6	4	9
6	2	8	9	3	4	1	5	7
5	4	9	7	1	6	8	2	3
3	5	2	6	7	9	4	8	1
7	9	1	4	8	5	2	3	6
4	8	6	3	2	1	7	9	5

120

2	9	6	8	5	7	1	4	3
5	8	7	1	3	4	2	9	6
3	1	4	6	9	2	5	8	7
9	3	5	4	2	6	8	7	1
8	7	2	3	1	5	9	6	4
6	4	1	9	7	8	3	2	5
4	6	3	5	8	9	7	1	2
7	5	8	2	6	1	4	3	9
1	2	9	7	4	3	6	5	8

Solutions - Book One

121

7	3	2	1	5	4	6	9	8
1	4	8	6	7	9	3	5	2
9	5	6	8	3	2	4	1	7
4	8	3	2	6	5	1	7	9
5	1	7	9	8	3	2	6	4
2	6	9	4	1	7	5	8	3
8	7	4	5	2	1	9	3	6
6	9	5	3	4	8	7	2	1
3	2	1	7	9	6	8	4	5

122

5	9	1	8	2	3	4	7	6
3	8	4	5	6	7	2	1	9
7	2	6	4	9	1	8	3	5
6	1	5	2	7	9	3	4	8
9	4	8	1	3	5	6	2	7
2	7	3	6	4	8	5	9	1
1	5	2	7	8	4	9	6	3
4	3	7	9	5	6	1	8	2
8	6	9	3	1	2	7	5	4

123

4	5	2	8	7	1	9	3	6
3	9	7	2	5	6	1	8	4
1	8	6	9	4	3	5	7	2
9	2	4	7	3	8	6	1	5
5	1	8	4	6	9	7	2	3
7	6	3	1	2	5	4	9	8
8	4	9	6	1	2	3	5	7
2	7	5	3	9	4	8	6	1
6	3	1	5	8	7	2	4	9

124

7	2	3	6	4	5	9	8	1
6	9	8	3	7	1	4	2	5
4	1	5	9	2	8	7	3	6
1	3	4	2	8	6	5	9	7
9	8	7	5	3	4	6	1	2
2	5	6	1	9	7	3	4	8
3	7	2	8	5	9	1	6	4
8	4	1	7	6	3	2	5	9
5	6	9	4	1	2	8	7	3

125

4	8	6	7	5	2	1	9	3
9	3	1	8	6	4	5	7	2
2	5	7	9	3	1	6	4	8
7	9	8	6	1	3	2	5	4
1	2	4	5	8	9	3	6	7
3	6	5	2	4	7	9	8	1
8	7	3	1	9	6	4	2	5
5	4	9	3	2	8	7	1	6
6	1	2	4	7	5	8	3	9

126

4	1	6	5	8	3	7	2	9
2	9	3	6	1	7	5	8	4
8	5	7	9	2	4	3	1	6
3	2	8	7	6	1	9	4	5
7	4	1	8	9	5	2	6	3
9	6	5	4	3	2	8	7	1
6	3	9	2	4	8	1	5	7
1	7	2	3	5	6	4	9	8
5	8	4	1	7	9	6	3	2

127

4	5	1	6	2	9	8	3	7
2	7	6	4	3	8	5	9	1
3	9	8	1	5	7	4	6	2
5	8	3	9	1	2	7	4	6
1	6	4	7	8	3	2	5	9
7	2	9	5	4	6	3	1	8
8	1	5	2	9	4	6	7	3
9	3	7	8	6	5	1	2	4
6	4	2	3	7	1	9	8	5

128

8	1	6	4	7	3	9	5	2
5	9	2	6	8	1	7	3	4
7	4	3	2	9	5	8	1	6
9	3	8	7	5	2	6	4	1
4	2	5	1	6	8	3	7	9
1	6	7	9	3	4	5	2	8
6	7	1	5	4	9	2	8	3
3	5	4	8	2	6	1	9	7
2	8	9	3	1	7	4	6	5

129

7	6	2	8	9	4	1	5	3
4	8	3	2	1	5	9	7	6
5	1	9	6	3	7	8	2	4
3	5	1	4	6	2	7	8	9
2	9	8	3	7	1	6	4	5
6	7	4	5	8	9	2	3	1
8	3	7	1	4	6	5	9	2
9	2	6	7	5	3	4	1	8
1	4	5	9	2	8	3	6	7

130

6	2	1	5	7	4	3	8	9
7	9	4	2	8	3	5	1	6
8	5	3	9	1	6	7	2	4
1	4	2	3	9	6	8	7	5
5	6	7	8	4	2	9	3	1
3	8	9	7	1	5	6	4	2
2	1	8	6	5	7	4	9	3
9	3	5	4	2	8	1	6	7
4	7	6	1	3	9	2	5	8

131

3	1	7	2	9	6	4	8	5
5	8	6	4	7	1	3	9	2
9	4	2	8	3	5	6	7	1
2	7	3	1	4	9	8	5	6
1	6	8	3	5	2	7	4	9
4	9	5	6	8	7	1	2	3
6	3	9	7	2	8	5	1	4
8	5	4	9	1	3	2	6	7
7	2	1	5	6	4	9	3	8

132

1	6	5	4	2	7	9	8	3
2	9	7	5	3	8	4	1	6
8	4	3	6	9	1	5	7	2
6	5	9	3	7	2	8	4	1
3	1	8	9	6	4	2	5	7
7	2	4	8	1	5	3	6	9
4	3	1	2	5	6	7	9	8
9	8	6	7	4	3	1	2	5
5	7	2	1	8	9	6	3	4

133

[23]9	4	[22]7	5	8	[4]3	[7]1	6	[18]2
3	6	[19]8	[27]4	2	1	[10]5	7	9
1	[9]2	5	9	[18]7	6	3	[13]4	8
[9]4	7	6	8	[13]9	5	2	[16]3	1
5	[12]8	3	6	1	[22]2	4	9	[13]7
[12]2	1	[15]9	[12]7	3	4	[23]8	[13]5	6
7	3	2	1	4	9	6	8	[15]5
[19]8	5	4	[5]2	[26]6	7	9	1	3
6	[10]9	1	3	5	8	7	2	4

134

[4]3	1	[19]5	4	6	[10]8	[18]2	9	[12]7
[19]7	8	4	3	[16]9	2	1	6	5
[11]6	[11]9	2	1	7	[12]5	3	[11]4	[10]8
5	[17]3	6	8	[30]1	9	4	7	2
[14]2	4	[17]9	[19]6	3	7	8	5	[10]1
1	7	8	[9]2	5	[26]4	9	3	6
[26]8	5	[9]3	7	4	1	6	[19]2	9
9	[8]6	1	5	[5]2	3	7	8	[7]4
4	2	[36]7	9	8	6	5	1	3

135

[12]1	[19]9	4	[29]7	8	6	[9]2	[8]3	5
8	[7]2	6	[10]9	3	5	7	[9]1	[13]4
3	5	[20]7	1	[13]4	2	[18]9	8	6
[17]4	8	5	[16]2	[9]9	7	1	[8]6	3
6	[15]3	9	5	1	[12]4	8	2	[20]7
7	1	2	3	6	8	[12]5	4	9
[19]9	6	[9]1	[13]8	5	[12]3	4	[14]7	2
[14]2	4	8	[13]6	7	9	3	5	[9]1
5	7	[7]3	4	[18]2	1	6	9	8

136

[31]7	9	[16]4	8	[5]3	2	[12]6	1	5
8	1	3	[9]4	5	[11]6	[18]7	2	9
5	2	[8]6	[15]9	[15]7	1	4	[24]8	3
[6]1	5	2	6	8	[24]3	9	4	[8]7
[15]6	[18]7	8	[13]2	4	9	5	[17]3	1
4	3	[10]9	[13]5	1	7	8	6	[10]2
3	[12]4	1	7	6	[11]5	2	[25]9	8
2	8	[30]5	1	[11]9	4	3	7	6
9	6	7	3	2	[9]8	1	[9]5	4

137

[15]5	9	[11]4	[16]6	2	[13]1	3	[15]8	7
[16]6	1	7	[26]8	5	3	9	[12]2	4
3	[12]8	[11]2	4	9	[13]7	1	5	6
7	4	9	5	[8]8	[11]6	2	3	[15]1
[9]8	[5]3	[15]5	1	7	[11]2	[17]4	6	9
1	2	6	3	4	9	[15]8	7	5
[19]9	[8]5	3	[9]2	[14]6	4	7	[10]1	[10]8
4	6	[18]1	7	3	[13]8	[11]5	9	2
[9]2	7	8	9	1	5	6	[7]4	3

138

[13]9	4	[11]3	[5]2	[12]1	7	[19]8	6	5
[13]6	7	8	3	4	[13]5	[8]1	[11]2	9
[11]1	2	[11]5	6	[11]9	8	7	[14]4	3
[9]5	8	[31]7	4	2	[10]1	9	[15]3	6
4	[8]6	2	9	8	3	5	7	1
[13]3	[9]9	[13]1	5	7	[39]6	4	[17]8	2
2	3	[13]4	8	5	9	[7]6	1	7
8	1	9	7	[9]6	[14]2	3	5	[12]4
[12]7	5	[7]6	1	3	4	[11]2	9	8

Big Book of Killer Su Doku

139

4	2	9	6	8	5	3	1	7
1	3	8	2	9	7	5	6	4
7	5	6	1	3	4	9	8	2
5	8	3	7	2	9	1	4	6
9	1	2	3	4	6	8	7	5
6	4	7	5	1	8	2	3	9
3	6	4	8	5	2	7	9	1
2	7	1	9	6	3	4	5	8
8	9	5	4	7	1	6	2	3

140

3	8	2	6	9	4	1	7	5
5	9	4	7	2	1	6	8	3
6	1	7	5	3	8	4	2	9
1	2	5	8	4	3	7	9	6
9	6	3	2	5	7	8	4	1
4	7	8	1	6	9	5	3	2
7	3	1	9	8	5	2	6	4
2	5	9	4	7	6	3	1	8
8	4	6	3	1	2	9	5	7

141

2	4	3	1	7	9	8	5	6
9	7	6	8	3	5	4	2	1
1	8	5	2	4	6	3	9	7
4	1	7	5	9	2	6	8	3
6	2	8	3	1	4	5	7	9
3	5	9	6	8	7	2	1	4
7	6	1	4	2	8	9	3	5
5	9	2	7	6	3	1	4	8
8	3	4	9	5	1	7	6	2

142

4	3	8	6	5	9	1	7	2
9	7	1	8	3	2	5	6	4
6	5	2	1	4	7	8	3	9
5	2	9	3	1	6	4	8	7
7	6	4	9	2	8	3	1	5
1	8	3	4	7	5	2	9	6
3	9	5	2	6	1	7	4	8
8	4	7	5	9	3	6	2	1
2	1	6	7	8	4	9	5	3

143

5	6	1	8	7	9	4	2	3
2	8	3	4	5	6	9	7	1
4	7	9	2	3	1	5	6	8
8	3	4	9	2	5	6	1	7
6	9	7	1	4	8	2	3	5
1	5	2	7	6	3	8	4	9
7	1	5	6	9	2	3	8	4
3	4	6	5	8	7	1	9	2
9	2	8	3	1	4	7	5	6

144

1	7	5	4	9	6	8	2	3
2	3	4	1	5	8	6	9	7
6	8	9	3	2	7	5	4	1
9	6	2	5	3	1	7	8	4
8	1	7	6	4	2	3	5	9
4	5	3	7	8	9	1	6	2
5	9	6	2	7	3	4	1	8
3	4	8	9	1	5	2	7	6
7	2	1	8	6	4	9	3	5

7	4	9	5	6	1	3	8	2
3	8	1	2	9	4	6	5	7
6	5	2	3	7	8	4	9	1
9	1	7	4	5	6	2	3	8
2	3	5	8	1	7	9	4	6
8	6	4	9	3	2	1	7	5
1	7	3	6	4	5	8	2	9
4	2	6	7	8	9	5	1	3
5	9	8	1	2	3	7	6	4

8	9	4	1	2	7	3	6	5
5	6	1	9	3	4	7	2	8
2	3	7	5	8	6	4	1	9
4	1	6	8	9	3	2	5	7
3	2	5	4	7	1	8	9	6
7	8	9	6	5	2	1	3	4
1	4	2	7	6	5	9	8	3
9	5	3	2	4	8	6	7	1
6	7	8	3	1	9	5	4	2

8	2	7	4	5	1	3	6	9
1	6	3	8	9	2	7	4	5
9	4	5	7	3	6	2	8	1
2	5	1	3	8	7	4	9	6
7	8	6	1	4	9	5	3	2
4	3	9	6	2	5	8	1	7
6	7	8	5	1	4	9	2	3
5	9	4	2	6	3	1	7	8
3	1	2	9	7	8	6	5	4

1	5	4	8	7	6	3	9	2
6	3	2	4	5	9	7	8	1
8	7	9	3	1	2	4	5	6
5	8	3	9	6	4	1	2	7
9	1	6	5	2	7	8	4	3
4	2	7	1	3	8	5	6	9
3	9	1	2	4	5	6	7	8
2	6	5	7	8	1	9	3	4
7	4	8	6	9	3	2	1	5

9	4	5	7	3	8	6	2	1
6	8	1	4	2	5	7	3	9
3	7	2	6	1	9	5	4	8
8	3	7	9	4	2	1	5	6
4	2	6	5	7	1	8	9	3
5	1	9	3	8	6	2	7	4
1	6	3	2	9	7	4	8	5
2	5	4	8	6	3	9	1	7
7	9	8	1	5	4	3	6	2

8	1	3	6	7	2	5	9	4
4	6	2	1	9	5	7	3	8
7	5	9	8	3	4	1	2	6
3	7	5	2	6	8	9	4	1
2	8	1	5	4	9	3	6	7
6	9	4	7	1	3	8	5	2
9	3	6	4	8	1	2	7	5
1	2	7	9	5	6	4	8	3
5	4	8	3	2	7	6	1	9

1

3	2	5	9	4	8	1	6	7
9	1	6	5	3	7	2	4	8
8	4	7	6	2	1	9	5	3
2	8	9	7	6	5	4	3	1
7	5	1	3	9	4	8	2	6
4	6	3	8	1	2	7	9	5
6	7	2	4	8	3	5	1	9
5	3	4	1	7	9	6	8	2
1	9	8	2	5	6	3	7	4

2

3	2	8	1	6	4	9	7	5
6	7	4	2	9	5	1	8	3
5	1	9	8	7	3	6	2	4
1	8	5	7	3	2	4	6	9
4	3	7	9	8	6	5	1	2
9	6	2	4	5	1	7	3	8
2	9	3	5	1	7	8	4	6
8	4	1	6	2	9	3	5	7
7	5	6	3	4	8	2	9	1

3

7	8	4	2	1	3	6	9	5
1	5	3	6	8	9	7	2	4
2	6	9	5	7	4	3	1	8
6	1	7	4	5	8	9	3	2
3	4	8	1	9	2	5	6	7
9	2	5	3	6	7	8	4	1
5	9	2	8	4	6	1	7	3
4	7	1	9	3	5	2	8	6
8	3	6	7	2	1	4	5	9

4

8	9	1	2	7	4	5	3	6
3	7	5	9	8	6	2	1	4
4	2	6	5	1	3	9	7	8
6	4	8	3	9	7	1	2	5
5	1	7	4	6	2	8	9	3
9	3	2	1	5	8	4	6	7
7	5	4	6	2	9	3	8	1
2	8	3	7	4	1	6	5	9
1	6	9	8	3	5	7	4	2

5

5	1	2	4	3	6	8	9	7
9	4	3	7	5	8	1	6	2
8	7	6	9	2	1	4	5	3
3	8	7	6	1	5	2	4	9
6	5	4	3	9	2	7	8	1
1	2	9	8	7	4	5	3	6
4	6	1	2	8	9	3	7	5
2	3	8	5	6	7	9	1	4
7	9	5	1	4	3	6	2	8

6

2	3	4	6	5	8	1	7	9
1	5	6	7	3	9	8	4	2
8	9	7	2	1	4	5	6	3
3	4	8	5	2	6	7	9	1
5	1	9	4	7	3	6	2	8
6	7	2	9	8	1	3	5	4
4	2	1	3	6	5	9	8	7
7	8	5	1	9	2	4	3	6
9	6	3	8	4	7	2	1	5

Solutions – Book Two

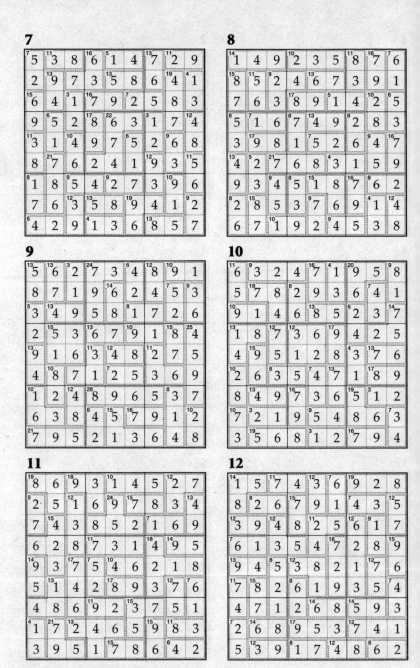

Big Book of Killer Su Doku

13

5	9	7	3	6	1	4	2	8
4	2	8	9	7	5	1	3	6
3	6	1	4	8	2	5	7	9
8	1	3	7	2	6	9	4	5
2	7	4	1	5	9	8	6	3
6	5	9	8	3	4	7	1	2
1	4	5	2	9	3	6	8	7
7	3	6	5	4	8	2	9	1
9	8	2	6	1	7	3	5	4

14

5	8	6	3	2	1	9	4	7
9	7	1	8	4	5	3	6	2
3	2	4	7	9	6	1	8	5
6	3	7	2	1	4	8	5	9
2	9	5	6	8	7	4	1	3
1	4	8	5	3	9	2	7	6
4	6	2	9	7	8	5	3	1
7	1	9	4	5	3	6	2	8
8	5	3	1	6	2	7	9	4

15

4	7	8	3	6	2	5	9	1
5	6	1	8	7	9	3	4	2
9	3	2	4	5	1	7	8	6
7	9	6	1	2	8	4	3	5
1	5	4	7	3	6	8	2	9
8	2	3	5	9	4	6	1	7
6	4	9	2	8	5	1	7	3
3	1	5	9	4	7	2	6	8
2	8	7	6	1	3	9	5	4

16

6	3	1	8	9	4	7	5	2
7	5	2	3	1	6	4	8	9
9	8	4	5	7	2	1	6	3
5	4	8	9	2	7	6	3	1
3	2	7	6	8	1	9	4	5
1	9	6	4	3	5	2	7	8
8	6	9	2	4	3	5	1	7
2	1	5	7	6	8	3	9	4
4	7	3	1	5	9	8	2	6

17

7	3	8	1	5	6	2	9	4
4	2	6	9	8	7	5	1	3
5	9	1	2	3	4	7	8	6
1	5	4	3	2	8	9	6	7
2	7	3	5	6	9	8	4	1
6	8	9	4	7	1	3	5	2
3	4	5	6	9	2	1	7	8
8	1	2	7	4	5	6	3	9
9	6	7	8	1	3	4	2	5

18

8	2	9	1	6	5	4	3	7
5	3	4	9	7	2	1	8	6
7	1	6	4	8	3	9	5	2
9	8	3	7	1	4	6	2	5
1	6	2	8	5	9	3	7	4
4	5	7	3	2	6	8	9	1
3	7	5	6	4	8	2	1	9
2	4	8	5	9	1	7	6	3
6	9	1	2	3	7	5	4	8

19

8	3	5	1	4	2	9	6	7
7	1	4	6	5	9	2	8	3
6	9	2	7	8	3	1	5	4
5	4	7	8	9	6	3	2	1
1	2	3	5	7	4	8	9	6
9	8	6	3	2	1	7	4	5
2	6	8	4	3	7	5	1	9
3	5	1	9	6	8	4	7	2
4	7	9	2	1	5	6	3	8

20

2	4	7	5	1	8	3	6	9
5	3	6	4	9	7	8	1	2
8	1	9	3	6	2	7	4	5
9	8	3	2	4	6	5	7	1
6	5	2	7	3	1	4	9	8
1	7	4	9	8	5	6	2	3
3	9	5	1	7	4	2	8	6
4	2	8	6	5	9	1	3	7
7	6	1	8	2	3	9	5	4

21

3	2	1	5	6	9	4	8	7
8	4	9	7	1	3	2	5	6
5	7	6	4	2	8	1	3	9
2	5	4	9	7	1	8	6	3
9	3	8	6	5	2	7	4	1
6	1	7	8	3	4	5	9	2
7	8	2	3	4	6	9	1	5
1	9	3	2	8	5	6	7	4
4	6	5	1	9	7	3	2	8

22

6	3	9	1	4	5	2	7	8
4	8	5	9	7	2	1	3	6
2	1	7	6	8	3	4	5	9
8	7	3	5	1	9	6	2	4
1	5	2	4	6	8	7	9	3
9	6	4	2	3	7	5	8	1
3	2	1	7	9	4	8	6	5
5	4	8	3	2	6	9	1	7
7	9	6	8	5	1	3	4	2

23

7	4	8	3	2	5	6	1	9
2	9	1	7	4	6	3	5	8
5	3	6	8	1	9	2	4	7
9	1	3	2	5	7	4	8	6
8	5	4	6	9	1	7	2	3
6	7	2	4	3	8	5	9	1
3	8	9	5	6	4	1	7	2
1	6	5	9	7	2	8	3	4
4	2	7	1	8	3	9	6	5

24

9	6	4	8	7	3	2	5	1
2	1	7	5	6	4	9	3	8
3	8	5	2	9	1	6	7	4
8	4	2	9	5	7	1	6	3
5	7	3	1	2	6	4	8	9
1	9	6	4	3	8	5	2	7
4	2	8	3	1	5	7	9	6
6	3	9	7	4	2	8	1	5
7	5	1	6	8	9	3	4	2

25

¹⁰2	¹⁴1	5	8	¹³3	6	⁹4	¹⁶9	7
8	¹⁸9	6	³1	¹²7	4	5	¹⁰3	¹⁹2
¹¹7	4	3	2	5	¹⁴9	6	1	8
¹⁴6	7	⁷4	3	³²8	5	³1	2	9
1	⁵3	2	9	6	7	¹²8	4	¹⁴5
¹²5	¹⁷8	9	¹¹4	2	⁸1	7	6	3
4	¹⁶2	8	7	¹⁰1	¹3	¹⁸9	¹¹5	6
3	6	⁸1	¹⁵5	9	8	2	7	⁵4
¹⁴9	5	7	6	4	¹³2	3	8	1

26

¹⁶2	3	6	¹³4	1	³¹7	9	8	5
5	²⁰9	⁷1	6	3	²⁵8	2	¹⁹4	¹²7
²⁶8	7	4	²³2	5	9	3	6	1
3	6	¹⁷2	7	¹¹8	1	5	9	4
9	8	7	5	2	¹³4	1	⁹3	6
¹⁰4	⁶1	5	9	⁹6	3	8	¹⁷7	2
6	⁷4	3	¹⁰1	9	⁹2	7	¹⁰5	8
¹⁵1	5	¹⁹9	¹¹8	¹⁷7	¹⁰6	4	2	3
7	2	8	3	4	¹¹5	6	¹⁰1	9

27

¹³9	4	²⁷3	5	¹⁶8	7	1	¹⁶6	2
¹⁰2	7	8	4	1	6	³¹9	3	5
¹⁴6	1	¹¹5	¹²3	¹⁸2	9	4	8	7
8	2	4	1	7	⁵5	3	¹⁹9	6
¹⁰1	6	²²7	8	¹³9	3	⁷5	2	4
3	⁸5	9	6	4	2	¹⁵7	⁹1	8
¹¹7	3	⁷6	2	5	¹¹1	8	¹⁶4	¹³9
4	²²9	1	¹⁶7	6	8	2	5	3
5	8	¹¹2	9	3	¹⁰4	6	7	1

28

²⁸4	5	⁸6	2	¹⁴1	7	²⁰3	9	8
³1	7	3	¹⁵8	6	¹¹9	2	¹⁵4	5
2	⁹8	9	3	4	⁶5	1	6	²⁵7
³⁰3	1	¹⁵4	6	²⁰5	⁵2	¹⁵8	7	9
7	6	5	¹³9	8	3	¹⁰4	2	1
9	¹⁰2	8	4	7	1	5	¹¹3	6
5	²⁰3	2	1	¹⁹9	6	²¹7	8	⁷4
8	9	¹²7	5	¹²2	4	6	1	3
¹¹6	4	1	7	3	¹⁷8	9	5	2

29

⁷3	4	²⁰6	9	⁹2	1	³⁴8	7	⁹5
²⁵8	1	5	¹⁵3	6	7	9	2	4
9	2	⁹7	5	¹⁷8	4	6	¹⁰1	¹¹3
5	¹⁵6	2	7	4	¹⁰3	1	9	8
⁸1	9	²⁴3	¹⁰8	5	6	¹¹2	4	¹³7
7	8	4	2	¹⁰1	9	5	⁸3	6
⁸2	¹¹3	9	¹⁰6	¹⁹7	¹³8	⁷4	5	¹¹1
6	7	1	4	9	5	3	8	2
⁹4	5	⁹8	1	3	⁹2	7	¹⁵6	9

30

⁹8	1	⁷3	¹²9	6	2	⁹5	4	⁸7
⁷7	2	4	3	²⁰5	8	¹⁵6	9	1
6	¹⁵5	¹⁰9	1	¹³4	7	¹⁹2	²¹3	8
3	6	⁹7	2	9	¹²5	8	1	4
¹1	²⁴8	2	¹³7	3	4	9	5	⁹6
4	9	5	6	¹¹8	1	⁹7	2	3
²⁰9	3	8	¹³4	2	¹⁰6	1	¹⁸7	5
⁷5	¹¹4	1	8	²⁰7	9	3	6	¹¹2
2	7	¹¹6	5	1	3	¹²4	8	9

Solutions – Book Two

[16]7	[6]5	1	[14]9	[10]2	[10]4	6	[12]8	3
6	[10]2	[20]4	5	8	[19]3	7	9	1
3	8	9	[11]6	1	[9]7	2	[19]5	[25]4
[8]2	6	7	4	[9]3	[12]9	8	1	5
[12]8	4	[15]5	7	6	1	3	2	9
[17]1	[10]9	3	[18]8	[20]5	2	[17]4	6	7
4	1	[10]8	3	9	6	[15]5	7	[16]2
5	7	2	1	4	[20]8	9	[7]3	6
[18]9	3	6	2	7	5	1	4	8

[19]8	[19]6	3	[10]9	1	[7]5	2	[9]4	[15]7
4	1	9	[10]7	3	[12]2	[10]6	5	8
7	[7]2	5	[14]8	6	4	3	[10]9	1
[13]9	[19]7	4	2	[11]8	3	1	[6]6	5
3	8	[8]6	4	[6]5	1	[30]7	2	[20]9
1	[17]5	2	[16]6	7	9	4	8	3
[15]5	9	[9]1	3	[15]2	[26]6	8	[11]7	4
6	3	8	[13]5	4	7	[10]9	1	[11]2
[6]2	4	7	1	9	8	5	3	6

[16]3	5	1	[9]7	2	[12]8	4	[15]6	9
[21]8	4	7	[1]1	6	[15]9	5	[9]2	[11]3
9	[11]6	2	[11]4	[8]5	3	1	7	8
[10]1	[18]9	3	2	[19]4	[17]7	8	[11]5	6
4	7	[14]8	5	9	6	[10]3	[13]1	[11]2
5	2	6	[21]3	8	1	7	9	4
[15]7	8	[18]4	9	[8]1	2	[13]6	3	5
[12]6	3	9	[14]8	7	5	[11]2	[5]4	1
2	1	5	6	[7]3	4	9	[15]8	7

[15]7	[10]1	9	[18]6	[12]4	8	[11]3	2	[20]5
8	[15]4	3	9	[12]5	[5]2	[14]1	6	7
[18]5	2	6	[19]1	7	3	9	4	8
4	3	[10]2	7	[9]8	1	[20]6	5	9
9	[12]7	8	2	6	[9]5	4	[27]3	[20]1
[17]6	5	[5]1	3	[13]9	4	8	7	2
1	8	4	[9]5	[12]3	[9]7	2	9	6
2	[14]9	5	4	1	6	[21]7	8	3
9	3	6	[15]7	8	2	9	[5]5	4

[13]3	2	[19]6	[19]9	7	[12]8	4	[8]5	1
8	4	9	3	[13]5	[7]1	6	[20]7	2
[9]7	[6]5	[4]1	6	2	[15]4	[15]3	9	[17]8
2	1	3	[9]8	6	5	7	4	9
[32]4	9	8	1	[19]3	7	5	[9]2	6
5	6	[11]7	4	9	[11]2	8	1	[10]3
[9]6	3	[11]5	2	4	[18]9	1	[11]8	7
[18]9	8	[16]4	7	[9]1	6	[17]2	3	5
1	[9]7	2	5	8	3	9	6	4

[11]6	[7]3	4	[15]5	9	[15]7	[11]1	8	2
5	[18]9	7	1	[12]2	8	[15]6	[11]4	[12]3
[10]8	[5]1	2	[14]6	3	4	5	7	9
2	4	[19]9	8	7	[10]1	[9]3	6	[19]5
[15]3	5	8	2	[16]6	9	7	1	4
7	[26]6	1	4	5	[9]3	[15]9	2	[9]8
9	8	3	[11]7	4	6	2	[14]5	1
[13]1	[12]7	5	[12]3	[11]8	2	4	9	[16]6
4	2	6	9	1	[13]5	8	3	7

Big Book of Killer Su Doku

37

1	2	4	7	6	9	3	5	8
5	7	6	3	8	2	4	1	9
8	3	9	5	1	4	7	6	2
9	1	2	4	7	8	5	3	6
4	5	3	9	2	6	8	7	1
7	6	8	1	3	5	9	2	4
3	8	7	2	9	1	6	4	5
6	4	1	8	5	7	2	9	3
2	9	5	6	4	3	1	8	7

38

8	1	9	3	2	5	7	4	6
4	5	6	7	8	1	2	9	3
7	2	3	9	4	6	1	5	8
2	3	5	1	7	4	8	6	9
1	9	7	5	6	8	4	3	2
6	4	8	2	9	3	5	1	7
5	6	4	8	3	2	9	7	1
3	7	2	4	1	9	6	8	5
9	8	1	6	5	7	3	2	4

39

7	2	8	4	6	5	3	1	9
9	1	3	2	7	8	5	6	4
4	6	5	9	3	1	2	8	7
1	9	7	3	2	6	8	4	5
3	4	6	8	5	7	1	9	2
5	8	2	1	9	4	7	3	6
2	3	4	7	1	9	6	5	8
8	5	1	6	4	2	9	7	3
6	7	9	5	8	3	4	2	1

40

6	3	2	1	7	9	5	8	4
8	9	4	2	6	5	7	1	3
1	7	5	8	4	3	9	2	6
9	4	3	7	1	8	2	6	5
7	6	8	5	2	4	1	3	9
2	5	1	9	3	6	8	4	7
3	1	7	6	5	2	4	9	8
5	8	6	4	9	1	3	7	2
4	2	9	3	8	7	6	5	1

41

5	6	2	7	4	1	3	8	9
1	7	8	6	9	3	5	4	2
4	9	3	2	8	5	6	1	7
6	2	4	1	3	9	8	7	5
9	3	7	5	2	8	1	6	4
8	1	5	4	6	7	2	9	3
2	5	6	9	1	4	7	3	8
3	4	1	8	7	2	9	5	6
7	8	9	3	5	6	4	2	1

42

2	1	8	3	7	6	4	9	5
5	4	9	2	8	1	3	6	7
7	3	6	9	4	5	8	2	1
3	9	4	1	5	8	2	7	6
6	7	2	4	3	9	5	1	8
1	8	5	6	2	7	9	3	4
8	2	1	5	6	3	7	4	9
9	5	3	7	1	4	6	8	2
4	6	7	8	9	2	1	5	3

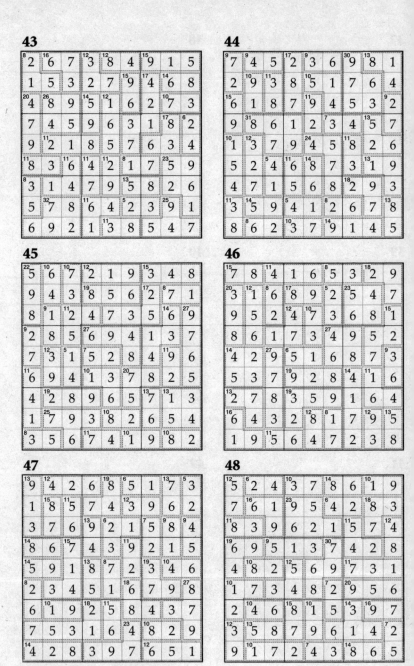

43

44

45

46

47

48

49

3	7	4	8	1	9	2	6	5
8	5	1	6	2	7	4	9	3
9	2	6	4	5	3	1	8	7
5	1	7	2	4	6	9	3	8
4	3	8	9	7	1	5	2	6
6	9	2	3	8	5	7	1	4
7	8	5	1	6	2	3	4	9
2	4	9	5	3	8	6	7	1
1	6	3	7	9	4	8	5	2

50

4	3	2	6	7	1	9	8	5
9	7	6	2	8	5	4	3	1
5	8	1	9	3	4	7	2	6
7	5	4	8	9	3	6	1	2
3	6	8	1	4	2	5	9	7
1	2	9	7	5	6	3	4	8
8	9	3	5	2	7	1	6	4
2	1	5	4	6	9	8	7	3
6	4	7	3	1	8	2	5	9

51

5	7	6	9	4	1	2	3	8
3	4	9	5	2	8	7	1	6
1	8	2	6	3	7	4	5	9
4	1	8	2	7	6	3	9	5
9	5	3	1	8	4	6	7	2
2	6	7	3	9	5	1	8	4
6	9	5	4	1	3	8	2	7
7	3	4	8	5	2	9	6	1
8	2	1	7	6	9	5	4	3

52

4	7	8	9	6	5	3	1	2
5	1	3	7	2	4	6	8	9
9	6	2	1	8	3	7	4	5
1	3	6	4	9	2	5	7	8
7	2	9	5	3	8	4	6	1
8	4	5	6	7	1	9	2	3
3	5	1	2	4	6	8	9	7
6	8	7	3	1	9	2	5	4
2	9	4	8	5	7	1	3	6

53

9	7	6	5	2	4	1	3	8
1	8	3	6	7	9	5	2	4
4	2	5	1	8	3	6	7	9
6	5	2	3	1	8	9	4	7
8	1	4	2	9	7	3	6	5
7	3	9	4	5	6	2	8	1
3	4	8	9	6	1	7	5	2
2	6	1	7	4	5	8	9	3
5	9	7	8	3	2	4	1	6

54

4	7	9	1	5	8	3	6	2
8	3	1	4	2	6	9	5	7
6	2	5	3	9	7	8	1	4
3	4	2	5	6	1	7	8	9
9	6	7	2	8	3	5	4	1
1	5	8	7	4	9	6	2	3
5	9	3	6	1	2	4	7	8
7	1	4	8	3	5	2	9	6
2	8	6	9	7	4	1	3	5

Solutions – Book Two

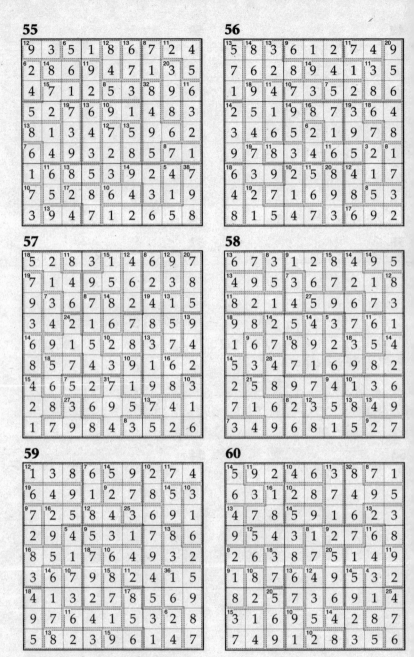

55

56

57

58

59

60

Big Book of Killer Su Doku

61

4	8	2	7	3	5	1	9	6
6	1	9	4	2	8	5	7	3
7	3	5	1	6	9	2	8	4
1	9	3	6	7	2	8	4	5
5	2	4	3	8	1	7	6	9
8	7	6	5	9	4	3	2	1
2	4	1	8	5	6	9	3	7
3	6	8	9	1	7	4	5	2
9	5	7	2	4	3	6	1	8

62

3	7	1	8	9	2	5	6	4
9	8	6	3	4	5	2	1	7
2	5	4	7	1	6	3	9	8
5	9	2	1	8	7	4	3	6
4	3	7	2	6	9	1	8	5
6	1	8	4	5	3	7	2	9
1	6	9	5	3	4	8	7	2
8	2	5	6	7	1	9	4	3
7	4	3	9	2	8	6	5	1

63

5	8	3	7	9	2	4	1	6
6	9	1	8	5	4	7	2	3
7	4	2	6	3	1	5	8	9
3	2	4	9	1	5	8	6	7
9	5	7	3	8	6	1	4	2
1	6	8	2	4	7	3	9	5
4	7	9	5	2	8	6	3	1
8	3	5	1	6	9	2	7	4
2	1	6	4	7	3	9	5	8

64

1	3	7	5	8	6	4	9	2
4	9	8	7	2	1	3	6	5
6	5	2	4	9	3	7	1	8
8	2	3	6	7	9	5	4	1
9	4	1	3	5	2	6	8	7
5	7	6	1	4	8	2	3	9
7	8	9	2	3	4	1	5	6
3	1	5	8	6	7	9	2	4
2	6	4	9	1	5	8	7	3

65

2	9	3	4	7	5	6	8	1
1	5	8	3	2	6	4	7	9
7	4	6	8	9	1	3	2	5
8	3	5	7	1	4	9	6	2
9	2	7	6	3	8	1	5	4
6	1	4	9	5	2	8	3	7
3	6	2	5	4	9	7	1	8
5	8	9	1	6	7	2	4	3
4	7	1	2	8	3	5	9	6

66

8	3	6	5	2	7	9	1	4
4	1	9	3	8	6	7	5	2
7	2	5	9	1	4	8	6	3
9	6	7	8	5	3	4	2	1
3	8	1	4	7	2	6	9	5
5	4	2	6	9	1	3	8	7
6	9	4	2	3	5	1	7	8
1	5	3	7	6	8	2	4	9
2	7	8	1	4	9	5	3	6

67

68

69

70

71

72

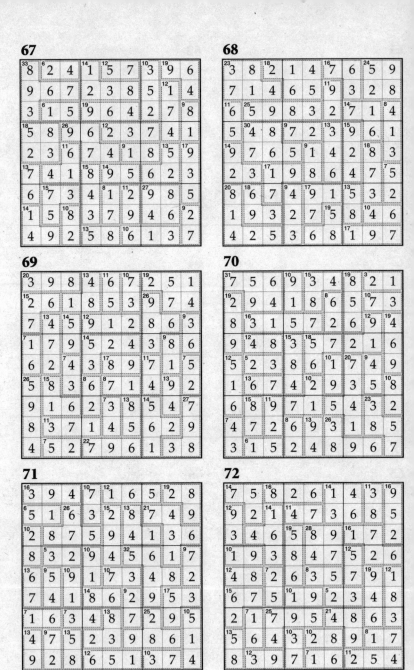

Big Book of Killer Su Doku

73

5	4	8	9	2	1	6	3	7
7	3	1	6	4	5	2	9	8
2	9	6	3	8	7	4	1	5
8	5	2	1	7	6	9	4	3
9	6	3	8	5	4	7	2	1
4	1	7	2	3	9	5	8	6
3	8	4	7	6	2	1	5	9
6	2	9	5	1	8	3	7	4
1	7	5	4	9	3	8	6	2

74

6	9	7	8	4	5	3	2	1
4	3	8	7	2	1	9	5	6
2	5	1	3	6	9	7	4	8
3	7	9	4	5	8	6	1	2
8	2	6	1	3	7	5	9	4
1	4	5	6	9	2	8	7	3
5	8	3	2	7	4	1	6	9
7	1	4	9	8	6	2	3	5
9	6	2	5	1	3	4	8	7

75

2	4	7	6	5	9	1	8	3
9	8	5	2	1	3	6	7	4
3	6	1	4	8	7	5	2	9
7	1	9	4	5	6	8	7	3	2
6	3	2	7	4	1	8	9	5
5	7	8	9	3	2	4	1	6
7	1	6	3	9	4	2	5	8
4	2	9	8	7	5	3	6	1
8	5	3	1	2	6	9	4	7

76

1	7	3	6	2	8	9	5	4
4	6	5	7	9	3	1	8	2
9	8	2	5	4	1	6	7	3
7	4	8	1	6	2	3	9	5
3	2	6	9	5	4	7	1	8
5	9	1	3	8	7	4	2	6
2	3	4	8	7	9	5	6	1
8	5	9	4	1	6	2	3	7
6	1	7	2	3	5	8	4	9

77

6	5	1	9	4	7	3	8	2
8	3	9	1	5	2	7	4	6
7	2	4	3	8	6	9	1	5
2	4	6	7	3	5	1	9	8
3	7	5	8	9	1	2	6	4
9	1	8	6	2	4	5	3	7
4	9	3	2	7	8	6	5	1
1	8	2	5	6	3	4	7	9
5	6	7	4	1	9	8	2	3

78

9	7	1	2	6	5	8	4	3
2	4	6	8	9	3	7	5	1
3	5	8	7	1	4	9	6	2
4	6	9	5	3	1	2	8	7
7	8	3	6	2	9	4	1	5
5	1	2	4	7	8	3	9	6
8	3	4	1	5	2	6	7	9
1	9	7	3	8	6	5	2	4
6	2	5	9	4	7	1	3	8

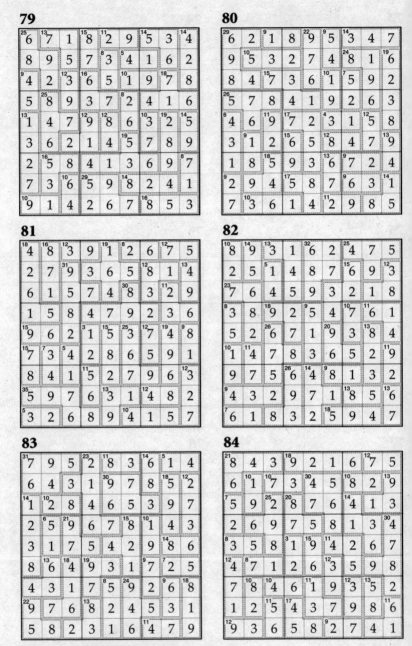

Big Book of Killer Su Doku

85

6	4	8	9	3	7	2	1	5
1	3	2	6	8	5	7	9	4
7	5	9	2	1	4	6	8	3
3	1	4	5	2	6	9	7	8
5	9	6	8	7	1	3	4	2
8	2	7	3	4	9	5	6	1
2	7	5	4	6	8	1	3	9
9	8	1	7	5	3	4	2	6
4	6	3	1	9	2	8	5	7

86

5	1	6	9	8	4	2	3	7
7	9	4	1	3	2	6	8	5
3	8	2	6	5	7	4	1	9
4	2	7	8	1	5	3	9	6
8	6	1	3	2	9	7	5	4
9	5	3	7	4	6	1	2	8
2	4	9	5	6	1	8	7	3
6	3	5	2	7	8	9	4	1
1	7	8	4	9	3	5	6	2

87

7	6	5	2	3	4	1	9	8
4	2	8	9	6	1	3	7	5
3	1	9	5	7	8	4	6	2
1	3	7	8	5	6	2	4	9
9	5	4	1	2	7	6	8	3
6	8	2	3	4	9	7	5	1
8	4	3	7	1	5	9	2	6
2	9	6	4	8	3	5	1	7
5	7	1	6	9	2	8	3	4

88

2	9	8	6	5	1	7	4	3
4	1	5	8	3	7	2	6	9
3	7	6	2	9	4	8	1	5
6	4	7	1	8	9	5	2	3
1	5	9	3	6	2	7	8	4
8	3	2	4	7	5	6	9	1
9	6	3	5	4	8	1	7	2
5	8	1	7	2	3	9	4	6
7	2	4	9	1	6	3	5	8

89

6	4	5	9	8	3	1	7	2
7	3	9	4	1	2	8	5	6
1	2	8	7	6	5	3	9	4
5	8	6	2	9	1	4	3	7
3	7	2	5	4	8	6	1	9
9	1	4	3	7	6	5	2	8
2	6	1	8	5	7	9	4	3
4	5	3	6	2	9	7	8	1
8	9	7	1	3	4	2	6	5

90

5	4	6	7	3	2	1	8	9
3	9	2	5	1	8	4	7	6
1	7	8	6	9	4	3	2	5
9	6	4	2	7	5	8	3	1
2	1	3	8	6	9	5	4	7
8	5	7	1	4	3	9	6	2
7	8	9	3	5	6	2	1	4
6	3	5	4	2	1	7	9	8
4	2	1	9	8	7	6	5	3

91

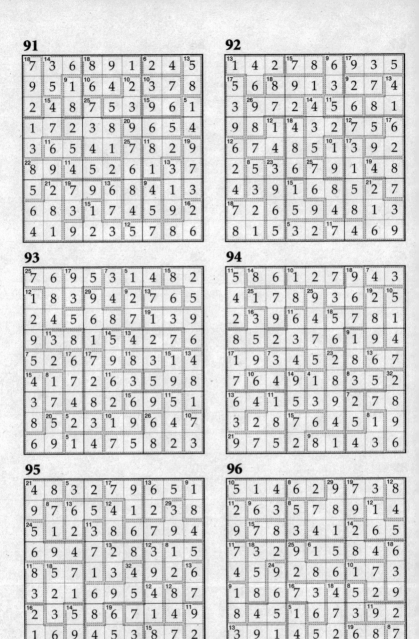

92

93

94

95

96

97

5	7	2	4	8	1	3	9	6
3	4	6	5	2	9	1	8	7
9	8	1	3	6	7	5	4	2
1	5	7	6	4	8	9	2	3
6	9	3	2	1	5	4	7	8
8	2	4	7	9	3	6	1	5
2	6	5	1	7	4	8	3	9
4	3	8	9	5	2	7	6	1
7	1	9	8	3	6	2	5	4

98

9	1	4	7	3	2	8	6	5
2	8	7	6	4	5	3	1	9
3	5	6	9	8	1	4	7	2
8	6	9	5	7	3	2	4	1
7	3	2	1	9	4	6	5	8
5	4	1	8	2	6	7	9	3
4	2	5	3	6	9	1	8	7
1	7	3	4	5	8	9	2	6
6	9	8	2	1	7	5	3	4

99

1	6	3	7	9	4	5	2	8
5	4	8	3	6	2	9	7	1
9	7	2	8	1	5	6	3	4
2	8	5	9	4	3	7	1	6
6	3	9	1	5	7	4	8	2
7	1	4	6	2	8	3	5	9
8	5	6	4	3	1	2	9	7
3	9	7	2	8	6	1	4	5
4	2	1	5	7	9	8	6	3

100

3	7	9	1	5	4	2	8	6
1	6	5	3	8	2	7	4	9
4	8	2	7	9	6	1	5	3
8	4	3	5	6	7	9	2	1
6	5	1	2	3	9	4	7	8
9	2	7	8	4	1	6	3	5
7	3	4	9	1	8	5	6	2
2	9	8	6	7	5	3	1	4
5	1	6	4	2	3	8	9	7

101

7	9	4	1	5	3	6	8	2
1	6	5	7	2	8	9	4	3
3	8	2	6	4	9	5	7	1
2	7	8	3	9	4	1	6	5
4	1	3	5	8	6	2	9	7
6	5	9	2	7	1	8	3	4
8	2	1	4	6	7	3	5	9
9	3	7	8	1	5	4	2	6
5	4	6	9	3	2	7	1	8

102

5	1	2	4	3	8	9	7	6
8	3	4	6	7	9	5	1	2
7	6	9	5	1	2	4	3	8
2	7	3	9	8	6	1	4	5
9	5	1	2	4	7	6	8	3
4	8	6	1	5	3	7	2	9
3	4	5	8	9	1	2	6	7
1	2	8	7	6	5	3	9	4
6	9	7	3	2	4	8	5	1

103

[24]4	[7]2	5	[20]8	6	[19]7	9	3	[7]1
9	8	[24]1	4	2	[10]3	[10]5	[11]7	6
[14]7	3	6	[14]9	5	1	2	4	[24]8
2	1	8	[17]7	4	6	3	5	9
[12]6	4	9	1	3	[32]5	[15]7	8	2
5	[31]7	[5]3	2	9	8	6	[11]1	4
1	5	2	[11]3	8	[13]9	4	6	[12]7
[11]3	9	[18]7	6	[8]1	4	[11]8	[14]2	5
8	6	4	5	7	2	1	9	3

104

[31]8	6	[11]4	2	[19]5	[11]7	1	[12]9	3
9	1	5	8	6	3	[13]7	2	4
7	[12]3	[15]2	9	4	[9]1	8	[7]6	[12]5
[20]4	9	[19]8	6	[10]3	2	5	1	7
2	7	[9]6	5	[14]1	4	[11]9	[11]3	8
1	[9]5	3	[32]7	8	9	2	[10]4	6
6	4	[8]7	1	9	5	3	[10]8	2
[16]5	8	[8]1	3	[9]2	[14]6	[10]4	[22]7	9
3	[11]2	9	4	7	8	6	5	1

105

[19]1	2	[18]6	3	7	[13]4	9	[19]5	8
4	[20]9	3	2	[14]8	[6]5	1	7	6
5	7	8	[19]9	6	1	[10]2	[10]4	[9]3
[18]9	8	1	4	[19]3	7	5	6	2
[13]7	[14]5	2	6	9	[10]8	3	[9]1	4
6	3	[14]4	1	[14]5	2	[15]7	8	[15]9
[13]2	4	9	[24]7	1	6	8	[16]3	5
8	[19]6	7	5	2	[18]3	4	9	1
3	1	5	8	4	9	6	[9]2	7

1

4	7	5	1	3	9	2	6	8
6	9	2	4	8	5	7	1	3
8	1	3	7	6	2	4	9	5
2	8	9	3	7	6	5	4	1
7	6	1	5	4	8	9	3	2
3	5	4	2	9	1	8	7	6
5	2	7	6	1	4	3	8	9
9	4	6	8	5	3	1	2	7
1	3	8	9	2	7	6	5	4

2

5	2	9	1	6	3	8	4	7
8	1	6	9	4	7	3	5	2
4	7	3	5	8	2	6	1	9
1	8	2	7	9	5	4	3	6
7	6	5	3	2	4	1	9	8
3	9	4	8	1	6	2	7	5
9	3	1	2	5	8	7	6	4
2	4	7	6	3	9	5	8	1
6	5	8	4	7	1	9	2	3

3

1	9	5	8	7	6	2	3	4
2	3	8	1	9	4	7	6	5
6	4	7	3	5	2	1	8	9
9	6	3	2	4	5	8	1	7
5	8	1	7	3	9	4	2	6
4	7	2	6	1	8	9	5	3
7	2	9	5	8	3	6	4	1
8	5	4	9	6	1	3	7	2
3	1	6	4	2	7	5	9	8

4

7	6	5	8	2	1	3	4	9
2	3	4	7	9	6	5	8	1
8	9	1	4	3	5	6	2	7
4	1	7	6	5	9	2	3	8
6	5	9	2	8	3	7	1	4
3	2	8	1	4	7	9	5	6
9	4	3	5	6	8	1	7	2
5	7	2	9	1	4	8	6	3
1	8	6	3	7	2	4	9	5

5

5	7	9	4	3	8	1	2	6
3	6	2	9	1	7	5	4	8
1	4	8	6	2	5	3	7	9
8	1	5	7	9	2	4	6	3
9	3	4	1	8	6	2	5	7
6	2	7	3	5	4	8	9	1
2	8	3	5	6	9	7	1	4
7	9	1	2	4	3	6	8	5
4	5	6	8	7	1	9	3	2

6

1	7	5	9	2	8	4	3	6
8	9	3	7	6	4	2	1	5
2	6	4	5	3	1	8	9	7
4	2	6	8	7	9	3	5	1
9	3	1	6	4	5	7	2	8
5	8	7	3	1	2	6	4	9
3	5	9	2	8	6	1	7	4
7	1	8	4	5	3	9	6	2
6	4	2	1	9	7	5	8	3

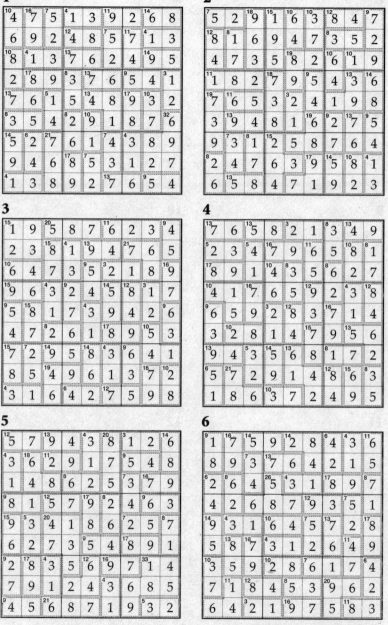

Solutions – Book Three

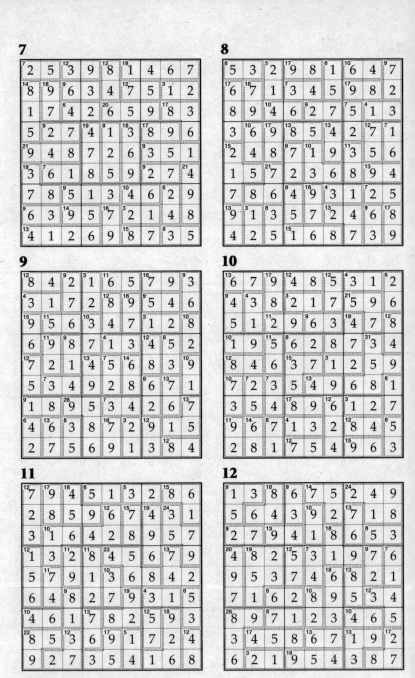

Big Book of Killer Su Doku

13

5	9	2	4	8	3	6	7	1
1	6	7	5	2	9	8	3	4
3	4	8	7	6	1	9	5	2
9	1	3	6	5	8	2	4	7
8	2	5	9	7	4	3	1	6
6	7	4	1	3	2	5	8	9
7	3	1	2	9	5	4	6	8
4	5	9	8	1	6	7	2	3
2	8	6	3	4	7	1	9	5

14

3	6	8	2	7	1	5	4	9
1	4	9	3	6	5	2	7	8
7	2	5	8	4	9	3	1	6
6	7	1	9	5	4	8	2	3
4	8	2	6	3	7	9	5	1
9	5	3	1	8	2	4	6	7
5	1	4	7	9	3	6	8	2
2	9	6	5	1	8	7	3	4
8	3	7	4	2	6	1	9	5

15

6	9	3	4	2	5	1	7	8
7	8	1	3	6	9	5	2	4
4	5	2	7	8	1	3	9	6
8	6	7	2	5	3	9	4	1
1	4	5	6	9	7	2	8	3
3	2	9	1	4	8	7	6	5
2	1	6	9	3	4	8	5	7
9	3	8	5	7	6	4	1	2
5	7	4	8	1	2	6	3	9

16

1	8	9	7	6	3	5	4	2
7	3	5	9	4	2	6	8	1
4	6	2	5	1	8	3	9	7
2	7	1	3	5	9	4	6	8
8	9	6	1	7	4	2	3	5
5	4	3	2	8	6	7	1	9
3	1	8	6	2	5	9	7	4
9	5	7	4	3	1	8	2	6
6	2	4	8	9	7	1	5	3

17

4	1	2	3	7	5	8	9	6
9	3	5	4	6	8	7	1	2
7	8	6	2	1	9	4	3	5
5	6	1	8	2	4	9	7	3
8	2	9	7	3	1	6	5	4
3	7	4	5	9	6	2	8	1
1	4	3	9	8	2	5	6	7
2	9	7	6	5	3	1	4	8
6	5	8	1	4	7	3	2	9

18

4	2	8	6	9	1	5	3	7
6	9	1	5	7	3	2	4	8
7	5	3	4	2	8	6	9	1
8	1	7	2	5	9	3	6	4
5	4	9	3	6	7	1	8	2
2	3	6	1	8	4	9	7	5
1	6	4	7	3	5	8	2	9
9	7	2	8	1	6	4	5	3
3	8	5	9	4	2	7	1	6

Solutions – Book Three

19

[14]9	[15]7	[7]6	[14]5	2	[7]4	3	[11]8	1
5	8	1	6	[26]3	[17]7	[19]4	9	2
[5]2	3	[7]4	1	8	9	6	[12]5	7
[11]7	4	3	9	6	1	[10]8	2	[8]5
[20]6	9	[10]8	2	[13]7	5	1	[11]4	3
[11]1	5	[18]2	[24]3	4	8	[17]7	6	[27]9
8	2	7	[11]4	9	3	5	1	6
[5]4	1	9	7	[12]5	6	2	[10]3	8
[9]3	6	[13]5	8	1	[11]2	9	7	4

20

[11]8	3	[17]7	4	[17]6	2	[15]5	9	1
[6]2	4	[6]1	3	9	[11]5	6	[11]7	[11]8
[9]6	[14]9	5	1	[14]8	[15]7	[11]2	4	3
3	5	[20]4	2	1	8	9	[17]6	7
[8]1	[16]8	9	7	5	[9]6	[5]3	2	4
7	2	[15]6	9	4	3	1	8	[16]5
[18]5	6	[10]2	8	3	[13]4	[19]7	[6]1	9
4	[16]1	[9]3	6	[15]7	9	8	5	2
9	7	8	5	2	1	4	[9]3	6

21

[24]2	[16]3	4	[11]5	6	[11]7	[18]8	1	9
9	8	[12]5	[19]2	[13]1	4	[11]6	[10]7	3
6	1	7	8	9	3	5	[6]4	2
7	[11]6	2	9	[9]4	[16]5	3	8	[15]1
[12]8	4	3	[22]6	2	[9]1	[13]7	9	5
[9]1	5	9	7	3	8	4	[8]2	6
3	[14]7	[15]6	1	8	[29]9	2	[9]5	4
[18]5	2	1	4	7	6	[12]9	3	[15]8
4	9	[11]8	3	5	2	[7]1	6	7

22

[10]6	[9]8	1	[16]7	[12]9	2	[19]5	[14]4	3
4	[5]3	2	6	1	[12]5	8	[10]9	7
[8]7	[21]5	9	3	[30]8	4	6	1	[12]2
1	7	6	9	5	3	[10]2	8	4
[24]5	[13]9	4	[11]8	2	[13]7	1	[8]3	[24]6
8	2	[8]3	1	[10]4	6	7	5	9
9	[18]4	5	2	6	[8]1	3	7	[9]8
[13]3	6	8	[9]5	[16]7	9	4	[13]2	1
2	1	7	4	[20]3	8	9	6	5

23

[19]7	[6]1	5	[9]8	[12]2	6	4	[17]3	9
3	[26]8	[8]2	1	[9]9	4	[12]6	5	[15]7
9	4	6	[12]7	5	3	1	2	8
5	9	[8]8	[13]2	1	7	[16]3	6	[20]4
[16]1	2	3	6	[7]4	[17]9	7	8	5
[10]4	6	7	5	3	8	[11]2	9	1
6	[7]3	4	[17]9	8	[6]1	5	[11]7	2
[10]8	[12]5	[11]1	3	7	[7]2	[18]9	4	[9]6
2	7	[19]9	4	6	5	8	1	3

24

[11]4	[8]3	[14]9	5	[13]8	[9]7	2	[7]1	6
1	5	[9]7	2	4	[16]6	[26]9	[11]8	3
6	[10]8	2	[20]3	1	9	7	5	4
[11]2	[14]6	8	9	[10]3	1	4	[9]7	[13]5
9	1	3	4	7	[16]5	6	2	8
[11]7	4	[9]5	[13]6	[7]2	8	[13]3	9	[10]1
[10]8	2	4	7	5	3	[9]1	6	9
[24]5	7	[7]6	[19]1	9	4	8	3	[9]2
3	9	1	8	6	[11]2	5	4	7

Big Book of Killer Su Doku

25

8	7	3	6	2	5	4	9	1
6	5	1	4	9	7	3	8	2
2	4	9	3	1	8	6	5	7
4	1	6	2	8	3	5	7	9
7	3	5	9	4	1	2	6	8
9	2	8	7	5	6	1	3	4
1	9	7	5	6	4	8	2	3
5	8	2	1	3	9	7	4	6
3	6	4	8	7	2	9	1	5

26

9	7	1	3	6	4	8	5	2
5	6	3	7	2	8	4	9	1
4	2	8	1	5	9	7	3	6
3	4	6	5	7	1	9	2	8
1	9	5	4	8	2	3	6	7
7	8	2	9	3	6	5	1	4
2	5	7	8	1	3	6	4	9
6	3	9	2	4	7	1	8	5
8	1	4	6	9	5	2	7	3

27

8	1	9	3	2	4	6	5	7
2	5	7	9	1	6	3	4	8
6	3	4	8	7	5	2	1	9
9	8	2	5	4	1	7	6	3
5	7	3	6	9	2	4	8	1
4	6	1	7	3	8	5	9	2
7	9	5	1	6	3	8	2	4
3	4	8	2	5	9	1	7	6
1	2	6	4	8	7	9	3	5

28

1	4	8	9	7	5	3	2	6
2	6	5	1	4	3	7	9	8
9	3	7	8	2	6	4	1	5
6	2	4	5	1	7	8	3	9
3	5	9	6	8	4	1	7	2
7	8	1	2	3	9	5	6	4
5	7	2	3	6	8	9	4	1
8	1	3	4	9	2	6	5	7
4	9	6	7	5	1	2	8	3

29

4	5	9	6	1	7	3	2	8
1	7	2	8	5	3	9	6	4
3	6	8	2	9	4	1	7	5
7	3	5	4	8	2	6	1	9
2	4	1	9	7	6	8	5	3
9	8	6	1	3	5	7	4	2
5	2	3	7	6	9	4	8	1
6	1	4	3	2	8	5	9	7
8	9	7	5	4	1	2	3	6

30

8	9	2	6	3	4	1	7	5
5	6	1	9	2	7	4	3	8
7	4	3	8	1	5	9	6	2
9	1	8	3	4	2	7	5	6
6	3	5	7	9	1	2	8	4
4	2	7	5	6	8	3	9	1
3	5	4	1	8	9	6	2	7
2	7	6	4	5	3	8	1	9
1	8	9	2	7	6	5	4	3

Solutions – Book Three

31

2	3	9	1	6	8	5	4	7
1	4	8	7	5	3	6	9	2
5	6	7	4	9	2	3	8	1
6	2	4	5	7	9	1	3	8
8	5	3	2	1	6	9	7	4
7	9	1	3	8	4	2	6	5
3	8	2	6	4	1	7	5	9
9	1	5	8	3	7	4	2	6
4	7	6	9	2	5	8	1	3

32

3	6	1	8	5	7	9	2	4
9	7	5	3	4	2	8	6	1
8	2	4	9	6	1	5	7	3
6	8	9	1	7	3	2	4	5
2	1	7	4	8	5	6	3	9
5	4	3	6	2	9	1	8	7
7	3	2	5	9	8	4	1	6
4	9	8	7	1	6	3	5	2
1	5	6	2	3	4	7	9	8

33

1	3	4	6	9	8	5	7	2
6	8	2	5	1	7	9	3	4
9	7	5	4	3	2	8	6	1
2	6	8	3	4	9	7	1	5
5	4	7	8	2	1	6	9	3
3	9	1	7	6	5	4	2	8
4	1	6	9	8	3	2	5	7
8	5	3	2	7	6	1	4	9
7	2	9	1	5	4	3	8	6

34

5	6	3	2	8	9	7	4	1
8	1	4	5	3	7	9	6	2
7	9	2	6	1	4	5	3	8
3	5	8	7	6	2	4	1	9
1	7	9	8	4	3	2	5	6
4	2	6	1	9	5	8	7	3
2	3	7	9	5	1	6	8	4
9	8	1	4	7	6	3	2	5
6	4	5	3	2	8	1	9	7

35

3	6	4	1	8	7	5	2	9
8	5	1	3	2	9	7	4	6
9	2	7	5	4	6	1	8	3
6	1	8	2	3	4	9	5	7
2	3	9	8	7	5	4	6	1
7	4	5	6	9	1	2	3	8
4	8	3	9	1	2	6	7	5
1	7	6	4	5	8	3	9	2
5	9	2	7	6	3	8	1	4

36

3	4	2	6	9	8	1	7	5
1	6	8	4	7	5	9	2	3
7	5	9	2	3	1	6	4	8
4	2	3	9	5	6	8	1	7
9	8	1	7	2	3	5	6	4
6	7	5	8	1	4	3	9	2
5	9	7	1	8	2	4	3	6
2	3	4	5	6	9	7	8	1
8	1	6	3	4	7	2	5	9

Big Book of Killer Su Doku

37

3	9	5	2	4	8	6	1	7
8	6	1	9	3	7	2	4	5
2	7	4	5	1	6	8	3	9
5	4	2	1	9	3	7	8	6
1	8	6	7	5	4	3	9	2
7	3	9	6	8	2	4	5	1
4	5	7	8	2	9	1	6	3
6	1	8	3	7	5	9	2	4
9	2	3	4	6	1	5	7	8

38

6	2	4	9	8	7	1	5	3
8	1	7	4	5	3	9	2	6
9	5	3	2	6	1	7	8	4
4	6	1	7	2	8	3	9	5
7	8	5	3	1	9	4	6	2
3	9	2	5	4	6	8	1	7
2	3	6	1	9	4	5	7	8
5	4	9	8	7	2	6	3	1
1	7	8	6	3	5	2	4	9

39

6	9	5	4	1	8	2	7	3
3	7	8	9	2	5	1	6	4
1	2	4	7	6	3	5	8	9
7	8	9	6	3	2	4	1	5
2	3	1	5	7	4	8	9	6
5	4	6	1	8	9	3	2	7
4	5	2	8	9	7	6	3	1
8	6	7	3	5	1	9	4	2
9	1	3	2	4	6	7	5	8

40

3	7	5	2	8	1	9	4	6
2	4	1	5	9	6	8	7	3
8	6	9	4	3	7	2	5	1
7	8	3	1	6	4	5	9	2
1	2	6	8	5	9	4	3	7
9	5	4	3	7	2	6	1	8
4	3	2	9	1	8	7	6	5
5	9	7	6	2	3	1	8	4
6	1	8	7	4	5	3	2	9

41

1	4	9	2	5	7	8	3	6
5	3	8	9	4	6	7	2	1
6	2	7	3	8	1	4	5	9
7	9	2	8	6	3	5	1	4
8	5	4	1	7	2	6	9	3
3	1	6	5	9	4	2	7	8
2	6	3	7	1	8	9	4	5
9	8	1	4	2	5	3	6	7
4	7	5	6	3	9	1	8	2

42

2	1	7	8	5	6	9	4	3
8	5	6	3	9	4	1	7	2
3	4	9	7	1	2	8	5	6
5	2	4	1	6	8	3	9	7
9	3	8	4	2	7	6	1	5
6	7	1	9	3	5	2	8	4
7	9	3	6	4	1	5	2	8
4	6	5	2	8	9	7	3	1
1	8	2	5	7	3	4	6	9

43

2	7	6	3	4	9	5	8	1
8	4	1	7	2	5	3	9	6
5	3	9	1	8	6	4	2	7
9	2	7	6	5	8	1	4	3
4	6	3	9	1	2	7	5	8
1	8	5	4	7	3	2	6	9
6	1	4	2	9	7	8	3	5
7	9	8	5	3	4	6	1	2
3	5	2	8	6	1	9	7	4

44

2	9	8	1	5	6	4	3	7
4	5	6	3	9	7	1	8	2
3	7	1	2	4	8	5	9	6
1	4	9	6	2	5	8	7	3
7	2	5	4	8	3	6	1	9
8	6	3	7	1	9	2	4	5
6	3	2	8	7	4	9	5	1
5	1	4	9	3	2	7	6	8
9	8	7	5	6	1	3	2	4

45

6	5	4	9	8	7	3	1	2
8	3	2	4	6	1	9	5	7
1	9	7	3	5	2	4	8	6
5	7	1	6	3	9	2	4	8
4	2	9	5	7	8	1	6	3
3	6	8	2	1	4	7	9	5
9	1	6	8	2	3	5	7	4
7	8	3	1	4	5	6	2	9
2	4	5	7	9	6	8	3	1

46

2	5	1	9	7	4	8	3	6
7	9	8	5	6	3	4	2	1
6	3	4	1	8	2	5	9	7
9	6	5	3	2	8	7	1	4
8	7	3	6	4	1	2	5	9
4	1	2	7	5	9	6	8	3
1	4	7	2	3	5	9	6	8
5	8	9	4	1	6	3	7	2
3	2	6	8	9	7	1	4	5

47

1	8	5	6	4	2	7	9	3
3	2	7	5	1	9	6	8	4
6	9	4	8	7	3	1	5	2
5	6	1	9	2	7	4	3	8
8	7	2	3	6	4	5	1	9
9	4	3	1	8	5	2	6	7
4	1	9	2	5	8	3	7	6
7	3	6	4	9	1	8	2	5
2	5	8	7	3	6	9	4	1

48

8	2	5	4	1	9	3	6	7
7	4	1	8	6	3	2	9	5
6	3	9	7	2	5	8	1	4
2	5	3	9	7	4	1	8	6
4	6	8	5	3	1	7	2	9
9	1	7	6	8	2	4	5	3
1	7	6	3	9	8	5	4	2
3	8	4	2	5	6	9	7	1
5	9	2	1	4	7	6	3	8

Big Book of Killer Su Doku

49

8	7	1	9	3	2	6	4	5
6	9	2	1	5	4	7	3	8
3	4	5	7	6	8	2	9	1
4	1	8	2	7	9	5	6	3
5	3	9	6	4	1	8	7	2
7	2	6	5	8	3	4	1	9
1	5	3	4	2	6	9	8	7
2	8	4	3	9	7	1	5	6
9	6	7	8	1	5	3	2	4

50

4	8	3	6	2	9	5	1	7
1	9	7	8	4	5	2	6	3
2	5	6	7	3	1	8	9	4
7	2	1	5	8	6	3	4	9
5	3	9	2	7	4	6	8	1
8	6	4	1	9	3	7	2	5
9	7	2	4	5	8	1	3	6
6	4	5	3	1	2	9	7	8
3	1	8	9	6	7	4	5	2

51

9	6	8	3	4	7	1	2	5
3	2	7	6	1	5	4	8	9
1	5	4	8	2	9	3	6	7
8	9	2	1	7	4	6	5	3
5	1	3	9	8	6	7	4	2
7	4	6	5	3	2	9	1	8
2	8	1	4	9	3	5	7	6
6	7	9	2	5	1	8	3	4
4	3	5	7	6	8	2	9	1

52

4	9	2	7	3	5	6	8	1
1	3	8	9	4	6	5	7	2
7	5	6	2	8	1	4	3	9
5	1	9	6	2	8	7	4	3
8	2	4	3	9	7	1	6	5
6	7	3	1	5	4	2	9	8
9	4	5	8	6	2	3	1	7
3	6	1	5	7	9	8	2	4
2	8	7	4	1	3	9	5	6

53

5	7	9	4	8	2	3	6	1
4	2	6	3	1	7	9	8	5
1	3	8	9	5	6	2	7	4
2	8	7	6	3	4	1	5	9
3	5	4	8	9	1	6	2	7
6	9	1	7	2	5	4	3	8
9	6	2	1	7	8	5	4	3
8	1	5	2	4	3	7	9	6
7	4	3	5	6	9	8	1	2

54

4	9	5	3	1	6	2	7	8
7	6	2	9	8	4	1	3	5
1	3	8	7	5	2	9	6	4
9	4	7	8	2	1	6	5	3
2	5	3	6	7	9	8	4	1
8	1	6	5	4	3	7	2	9
3	8	1	4	6	7	5	9	2
6	2	9	1	3	5	4	8	7
5	7	4	2	9	8	3	1	6

Solutions – Book Three

55

4	3	7	1	6	2	9	5	8
1	6	2	8	5	9	3	4	7
9	5	8	3	4	7	6	2	1
8	9	6	4	7	3	2	1	5
3	1	5	6	2	8	7	9	4
7	2	4	9	1	5	8	3	6
5	7	1	2	3	6	4	8	9
2	4	9	7	8	1	5	6	3
6	8	3	5	9	4	1	7	2

56

7	6	1	5	2	9	8	3	4
5	9	8	3	6	4	2	1	7
2	3	4	1	7	8	9	5	6
9	5	2	7	4	3	1	6	8
6	4	3	8	5	1	7	9	2
1	8	7	6	9	2	3	4	5
8	2	9	4	3	5	6	7	1
4	1	6	9	8	7	5	2	3
3	7	5	2	1	6	4	8	9

57

2	4	7	3	1	5	8	6	9
9	1	5	2	8	6	4	3	7
3	6	8	7	4	9	2	1	5
1	7	2	4	5	3	6	9	8
4	3	9	1	6	8	7	5	2
8	5	6	9	7	2	1	4	3
5	2	4	8	3	1	9	7	6
7	8	3	6	9	4	5	2	1
6	9	1	5	2	7	3	8	4

58

1	4	2	5	6	7	9	8	3
9	3	8	1	2	4	5	7	6
6	7	5	3	9	8	4	1	2
4	1	6	8	5	2	7	3	9
5	8	3	9	7	1	2	6	4
7	2	9	6	4	3	8	5	1
8	9	7	2	1	6	3	4	5
3	5	1	4	8	9	6	2	7
2	6	4	7	3	5	1	9	8

59

6	2	9	8	5	4	1	3	7
7	1	8	6	2	3	9	5	4
5	3	4	1	7	9	6	8	2
3	4	7	2	6	8	5	9	1
9	6	5	3	4	1	7	2	8
2	8	1	7	9	5	4	6	3
8	5	3	4	1	6	2	7	9
4	7	6	9	8	2	3	1	5
1	9	2	5	3	7	8	4	6

60

9	2	3	8	1	7	6	5	4
7	1	8	6	4	5	2	9	3
6	4	5	3	2	9	8	1	7
8	9	7	5	6	1	3	4	2
4	5	1	2	8	3	7	6	9
2	3	6	7	9	4	1	8	5
5	8	9	1	3	2	4	7	6
3	6	4	9	7	8	5	2	1
1	7	2	4	5	6	9	3	8

61

4	2	1	7	5	9	8	3	6
9	8	5	3	2	6	1	7	4
3	6	7	8	4	1	9	2	5
2	3	9	4	8	5	6	1	7
8	1	4	9	6	7	2	5	3
5	7	6	2	1	3	4	8	9
6	5	3	1	9	8	7	4	2
1	9	2	5	7	4	3	6	8
7	4	8	6	3	2	5	9	1

62

5	2	7	1	3	6	8	4	9
6	8	4	9	5	2	7	1	3
3	9	1	7	4	8	6	5	2
2	5	8	4	6	3	9	7	1
7	3	6	8	9	1	5	2	4
1	4	9	5	2	7	3	8	6
9	7	5	6	1	4	2	3	8
4	6	2	3	8	5	1	9	7
8	1	3	2	7	9	4	6	5

63

5	9	3	1	2	6	8	7	4
4	1	8	5	9	7	2	6	3
2	7	6	4	3	8	5	9	1
8	5	2	9	1	4	6	3	7
1	6	7	2	8	3	9	4	5
3	4	9	7	6	5	1	2	8
6	8	5	3	7	2	4	1	9
9	3	4	6	5	1	7	8	2
7	2	1	8	4	9	3	5	6

64

7	6	5	2	9	4	1	3	8
4	1	2	7	8	3	9	5	6
9	3	8	6	5	1	7	2	4
1	9	7	4	6	5	3	8	2
8	2	4	9	3	7	6	1	5
3	5	6	1	2	8	4	7	9
5	7	3	8	4	6	2	9	1
2	4	1	5	7	9	8	6	3
6	8	9	3	1	2	5	4	7

65

9	4	3	2	8	6	1	5	7
6	8	7	4	5	1	3	2	9
2	5	1	3	9	7	8	4	6
1	6	2	9	4	5	7	8	3
7	9	8	6	3	2	4	1	5
4	3	5	7	1	8	6	9	2
8	1	9	5	6	3	2	7	4
5	2	6	8	7	4	9	3	1
3	7	4	1	2	9	5	6	8

66

5	4	3	1	7	6	9	2	8
6	7	2	5	9	8	4	1	3
9	1	8	4	2	3	5	6	7
8	6	9	2	5	4	7	3	1
2	3	4	7	8	1	6	5	9
1	5	7	3	6	9	8	4	2
4	9	6	8	3	2	1	7	5
3	8	5	6	1	7	2	9	4
7	2	1	9	4	5	3	8	6

Solutions – Book Three

67

2	1	6	3	8	9	4	5	7
3	8	9	5	7	4	6	1	2
4	5	7	1	2	6	3	8	9
7	6	4	8	1	3	9	2	5
9	2	8	7	6	5	1	4	3
1	3	5	4	9	2	8	7	6
8	9	1	2	3	7	5	6	4
5	7	3	6	4	1	2	9	8
6	4	2	9	5	8	7	3	1

68

2	6	7	9	8	4	5	3	1
4	5	1	6	2	3	8	9	7
9	8	3	7	1	5	6	4	2
3	1	4	8	5	9	7	2	6
5	9	2	4	6	7	1	8	3
8	7	6	1	3	2	4	5	9
1	2	8	3	4	6	9	7	5
7	4	5	2	9	1	3	6	8
6	3	9	5	7	8	2	1	4

69

8	4	9	3	2	1	7	6	5
7	1	3	5	8	6	9	2	4
5	6	2	9	7	4	1	8	3
3	8	1	2	9	5	6	4	7
2	5	4	6	1	7	3	9	8
9	7	6	4	3	8	2	5	1
6	9	8	1	5	3	4	7	2
4	3	5	7	6	2	8	1	9
1	2	7	8	4	9	5	3	6

70

2	8	5	6	3	7	9	1	4
4	3	1	9	8	2	5	6	7
6	7	9	4	1	5	3	2	8
1	9	8	7	6	3	2	4	5
3	4	6	5	2	8	7	9	1
7	5	2	1	9	4	6	8	3
8	6	7	3	4	9	1	5	2
5	1	4	2	7	6	8	3	9
9	2	3	8	5	1	4	7	6

71

1	8	6	4	9	7	3	2	5
2	3	5	8	1	6	9	7	4
9	7	4	5	3	2	6	1	8
8	1	2	6	5	9	4	3	7
6	4	7	2	8	3	1	5	9
3	5	9	1	7	4	2	8	6
5	6	1	3	4	8	7	9	2
7	2	8	9	6	1	5	4	3
4	9	3	7	2	5	8	6	1

72

4	6	7	3	8	5	9	1	2
8	9	2	4	1	6	5	7	3
3	5	1	7	9	2	4	6	8
5	2	3	8	7	9	6	4	1
9	4	6	2	3	1	7	8	5
7	1	8	6	5	4	2	3	9
2	8	9	1	6	7	3	5	4
6	3	5	9	4	8	1	2	7
1	7	4	5	2	3	8	9	6

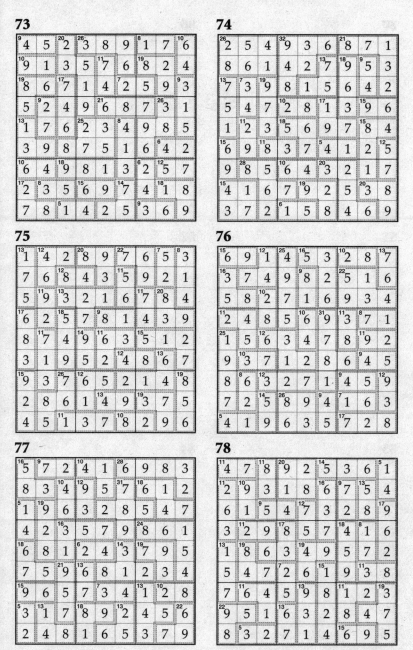

73

4	5	2	3	8	9	1	7	6
9	1	3	5	7	6	8	2	4
8	6	7	1	4	2	5	9	3
5	2	4	9	6	8	7	3	1
1	7	6	2	3	4	9	8	5
3	9	8	7	5	1	6	4	2
6	4	9	8	1	3	2	5	7
2	3	5	6	9	7	4	1	8
7	8	1	4	2	5	3	6	9

74

2	5	4	9	3	6	8	7	1
8	6	1	4	2	7	9	5	3
7	3	9	8	1	5	6	4	2
5	4	7	2	8	1	3	9	6
1	2	3	5	6	9	7	8	4
6	9	8	3	7	4	1	2	5
9	8	5	6	4	3	2	1	7
4	1	6	7	9	2	5	3	8
3	7	2	1	5	8	4	6	9

75

1	4	2	8	9	7	6	5	3
7	6	8	4	3	5	9	2	1
5	9	3	2	1	6	7	8	4
6	2	5	7	8	1	4	3	9
8	7	4	9	6	3	5	1	2
3	1	9	5	2	4	8	6	7
9	3	7	6	5	2	1	4	8
2	8	6	1	4	9	3	7	5
4	5	1	3	7	8	2	9	6

76

6	9	1	4	5	3	2	8	7
3	7	4	9	8	2	5	1	6
5	8	2	7	1	6	9	3	4
2	4	8	5	6	9	3	7	1
1	5	6	3	4	7	8	9	2
9	3	7	1	2	8	6	4	5
8	6	3	2	7	1	4	5	9
7	2	5	8	9	4	1	6	3
4	1	9	6	3	5	7	2	8

77

5	7	2	4	1	6	9	8	3
8	3	4	9	5	7	6	1	2
1	9	6	3	2	8	5	4	7
4	2	3	5	7	9	8	6	1
6	8	1	2	4	3	7	9	5
7	5	9	6	8	1	2	3	4
9	6	5	7	3	4	1	2	8
3	1	7	8	9	2	4	5	6
2	4	8	1	6	5	3	7	9

78

4	7	8	9	2	5	3	6	1
2	9	3	1	8	6	7	5	4
6	1	5	4	7	3	2	8	9
3	2	9	8	5	7	4	1	6
1	8	6	3	4	9	5	7	2
5	4	7	2	6	1	9	3	8
7	6	4	5	9	8	1	2	3
9	5	1	6	3	2	8	4	7
8	3	2	7	1	4	6	9	5

Solutions – Book Three

79

[16]5	3	8	[11]6	[16]2	4	[10]7	[15]9	[15]1
[20]4	7	[11]2	5	9	1	3	6	8
[12]1	9	6	[10]3	[15]7	[13]8	5	4	2
9	2	3	7	8	[11]6	[5]4	1	[21]5
[21]6	[17]8	5	4	[6]1	3	[30]2	7	9
7	[20]4	1	9	5	2	8	[9]3	6
8	6	[13]4	1	[8]3	5	9	[12]2	7
[13]2	1	7	8	[12]4	[17]9	6	5	3
3	[14]5	9	2	6	7	1	[12]8	4

80

[23]7	[10]4	[24]8	5	[11]3	6	[18]9	[16]1	2
9	6	[13]1	7	4	2	3	8	5
5	2	3	9	[9]1	8	6	[15]7	[12]4
[20]1	9	[10]4	[10]3	7	[14]5	2	6	8
3	7	6	[10]8	2	9	[20]5	[5]4	1
[12]8	[6]5	[23]2	[6]4	[15]6	[8]1	7	[12]9	3
4	1	7	2	9	3	8	[15]5	6
[10]2	8	9	[11]6	5	4	1	3	[18]7
[9]6	3	5	[9]1	8	7	[11]4	2	9

81

[23]7	4	9	3	[16]2	8	[10]1	[11]5	6
[13]8	[5]2	3	[6]5	1	6	9	[11]4	7
5	[7]1	6	[11]9	[32]4	[11]7	2	[13]3	[12]8
[12]3	9	[15]5	2	6	4	7	8	1
2	7	1	8	5	9	[9]4	[8]6	3
[19]4	6	[9]8	1	[10]7	[14]3	5	2	[18]9
9	[11]8	[9]2	7	3	5	6	[8]1	4
[7]1	3	[10]4	6	[11]9	2	[12]8	7	5
6	[12]5	7	[12]4	8	1	3	[11]9	2

82

[7]6	[20]7	[12]3	[8]5	[5]4	1	[28]9	8	[11]2
1	5	9	3	[10]8	2	4	7	6
[13]4	8	[12]2	9	[12]6	[19]7	[13]1	5	3
9	[10]6	1	[17]2	5	3	7	[17]4	8
[7]2	4	7	8	1	9	[16]6	3	5
5	[11]3	8	[15]6	7	[17]4	2	[10]9	1
[13]7	1	[9]5	4	2	8	[12]3	[26]6	9
3	2	[26]6	7	9	5	8	1	4
[21]8	9	4	1	3	[13]6	5	2	7

83

[10]1	[19]8	5	6	[13]4	[16]7	9	[12]2	3
3	6	[26]4	5	9	[10]2	8	7	[6]1
[13]2	7	[10]9	8	[17]3	[7]1	6	[12]4	5
4	[16]5	1	9	6	[11]3	7	8	[36]2
[26]6	2	[10]3	7	8	[9]5	1	[14]9	4
7	9	[8]8	[10]2	1	4	[7]3	5	6
5	[13]3	2	1	7	[30]8	4	[12]6	9
8	4	6	[8]3	5	9	2	1	7
[10]9	1	[11]7	4	2	6	5	3	8

84

[12]7	[16]9	6	1	[11]5	2	[14]8	4	[13]3
5	[18]3	8	[13]6	7	4	2	1	9
4	2	[9]1	8	[13]9	[16]3	6	7	[19]5
[11]9	1	[14]5	2	4	7	[8]3	[19]6	8
2	[13]6	3	[25]5	8	1	7	9	[5]4
[12]8	7	4	9	3	[20]6	[7]5	2	1
3	[22]5	[13]2	4	[8]6	9	[9]1	8	[13]7
1	8	9	7	2	5	[22]4	[10]3	6
[10]6	4	[10]7	3	1	8	9	5	2

Big Book of Killer Su Doku

85

8	1	4	3	9	6	7	2	5
5	7	6	4	8	2	9	3	1
3	9	2	5	1	7	8	6	4
4	8	3	9	2	5	6	1	7
2	6	7	1	4	8	3	5	9
1	5	9	6	7	3	4	8	2
9	4	8	2	3	1	5	7	6
7	2	5	8	6	4	1	9	3
6	3	1	7	5	9	2	4	8

86

8	1	5	3	7	4	6	9	2
6	7	3	2	5	9	4	1	8
4	2	9	8	1	6	5	3	7
7	6	1	9	8	3	2	4	5
2	9	8	4	6	5	3	7	1
5	3	4	7	2	1	8	6	9
1	8	2	6	3	7	9	5	4
3	4	7	5	9	2	1	8	6
9	5	6	1	4	8	7	2	3

87

5	3	8	4	9	1	6	2	7
7	1	6	2	3	5	8	4	9
4	2	9	6	7	8	3	5	1
2	6	3	9	1	7	5	8	4
1	5	7	8	2	4	9	3	6
9	8	4	5	6	3	1	7	2
6	7	5	3	4	9	2	1	8
8	9	1	7	5	2	4	6	3
3	4	2	1	8	6	7	9	5

88

1	5	2	6	3	7	9	8	4
4	9	3	8	5	2	7	6	1
6	7	8	1	9	4	3	2	5
3	6	4	5	8	1	2	9	7
8	1	5	7	2	9	6	4	3
7	2	9	3	4	6	1	5	8
5	3	7	2	9	8	4	1	6
2	4	6	1	7	5	8	3	9
9	8	1	4	6	3	5	7	2

89

5	3	8	6	1	4	7	2	9
2	7	9	8	5	3	6	1	4
1	4	6	2	7	9	8	5	3
7	6	1	4	8	2	3	9	5
8	2	3	1	9	5	4	6	7
4	9	5	7	3	6	2	8	1
9	5	2	3	6	7	1	4	8
6	8	7	5	4	1	9	3	2
3	1	4	9	2	8	5	7	6

90

1	3	5	8	7	6	2	4	9
9	4	7	5	3	2	8	6	1
8	2	6	4	1	9	7	5	3
3	9	4	7	2	1	6	8	5
2	5	1	6	9	8	4	3	7
7	6	8	3	4	5	9	1	2
6	7	3	2	5	4	1	9	8
4	1	2	9	8	3	5	7	6
5	8	9	1	6	7	3	2	4

91

[14]3	4	2	5	[20]9	[13]1	[24]8	7	6
[16]1	8	7	6	2	4	3	[16]9	[6]5
[18]6	9	[12]5	7	3	8	[10]4	2	1
[11]9	3	[11]1	[19]8	4	[16]2	6	5	[17]7
2	6	4	[19]1	7	5	[10]9	[20]3	8
[13]7	[13]5	8	3	6	9	1	4	2
4	2	[18]6	9	[13]8	7	5	1	[12]3
[13]5	[8]7	3	4	1	[16]6	[10]2	8	9
8	1	9	[7]2	5	3	7	[10]6	4

92

[14]9	[5]1	[8]2	6	[16]7	8	[11]3	[15]4	5
5	4	[9]7	2	1	[7]3	8	6	[17]9
[17]8	3	6	[14]5	9	4	[13]7	[12]2	1
[17]4	[16]5	3	[19]8	2	[7]1	6	9	7
7	[11]2	8	9	[8]5	6	[12]1	3	[21]4
6	9	[6]1	[7]4	3	[12]7	5	8	2
[27]1	6	5	3	[14]4	[15]9	2	7	8
[13]3	7	9	[8]1	8	2	4	[15]5	6
2	8	4	7	[20]6	5	9	1	3

93

[17]3	6	8	[8]1	[18]9	4	[17]7	2	[9]5
[16]4	[10]9	1	7	[25]2	5	8	[10]6	3
7	5	[15]2	3	8	6	9	4	1
[18]2	7	6	4	[22]1	[8]3	5	[17]8	9
9	4	3	2	5	8	[15]1	7	[11]6
[9]8	1	[14]5	9	6	[9]7	4	3	2
[12]6	[11]8	[25]9	5	7	2	3	[13]1	4
1	3	[13]7	[17]6	4	[10]9	[7]2	5	8
5	2	4	8	3	1	[22]6	9	7

94

1	7	[20]9	3	[13]2	6	5	[18]8	4
[7]5	[11]4	8	[10]1	9	[12]7	3	2	6
2	6	[9]3	[26]4	8	5	[9]7	[17]9	1
[25]8	1	6	9	[7]3	4	2	7	[13]5
9	5	[13]4	[13]6	7	[9]2	1	[22]3	8
3	2	7	[14]5	1	8	6	4	9
[26]4	8	[9]2	7	[11]5	[10]1	9	6	[18]3
[13]6	9	5	2	4	[11]3	8	1	7
7	[12]3	1	8	[19]6	9	4	5	2

95

[18]6	9	3	[14]1	4	[7]5	2	[13]8	[10]7
[9]4	[8]8	1	9	[15]2	[13]7	6	5	3
5	[14]7	[10]2	6	3	[15]8	1	[5]4	[11]9
[10]9	3	8	4	[21]5	6	[12]7	1	2
1	4	[18]7	8	9	[11]2	5	[9]3	6
[9]2	[14]5	[20]6	3	7	1	8	[13]9	4
7	2	9	5	[30]1	3	4	6	[16]8
[11]3	6	[9]5	[10]2	8	[29]4	9	7	1
8	1	4	7	6	9	3	2	5

96

[18]4	6	8	[8]3	5	[33]7	2	[13]9	1
[12]2	1	[20]7	4	9	6	5	[18]8	3
[14]3	9	5	[10]8	[4]1	[12]2	[11]7	4	[19]6
5	[17]7	1	2	3	9	4	6	8
6	8	3	[13]7	[17]4	1	[11]9	2	5
[24]9	2	4	6	8	5	[10]1	3	[11]7
8	5	2	[19]9	7	3	6	[11]1	4
[12]1	4	[11]6	5	[16]2	8	3	7	[19]9
7	[13]3	9	1	6	[12]4	8	5	2

Big Book of Killer Su Doku

97

2	9	8	6	5	4	1	3	7
5	1	7	8	3	9	6	2	4
4	3	6	2	1	7	5	8	9
3	8	2	1	9	5	7	4	6
1	4	5	7	6	8	2	9	3
7	6	9	3	4	2	8	5	1
9	7	3	5	2	1	4	6	8
6	2	1	4	8	3	9	7	5
8	5	4	9	7	6	3	1	2

98

7	3	5	2	1	8	9	6	4
4	1	8	7	6	9	2	5	3
9	6	2	3	4	5	7	1	8
6	5	4	9	7	2	8	3	1
8	7	1	4	3	6	5	2	9
2	9	3	5	8	1	4	7	6
3	2	7	1	9	4	6	8	5
1	8	9	6	5	7	3	4	2
5	4	6	8	2	3	1	9	7

99

6	7	1	2	5	9	3	8	4
9	3	8	1	6	4	2	5	7
2	4	5	8	3	7	9	1	6
7	5	6	3	4	8	1	2	9
8	9	4	7	1	2	6	3	5
1	2	3	5	9	6	4	7	8
4	8	2	6	7	3	5	9	1
3	1	9	4	8	5	7	6	2
5	6	7	9	2	1	8	4	3

100

2	8	4	7	6	5	3	9	1
6	1	7	2	3	9	5	8	4
3	5	9	1	4	8	7	6	2
5	4	8	6	7	3	1	2	9
9	6	2	4	5	1	8	7	3
7	3	1	8	9	2	4	5	6
1	9	6	3	8	7	2	4	5
8	2	5	9	1	4	6	3	7
4	7	3	5	2	6	9	1	8

101

2	4	7	3	1	9	6	5	8
3	1	5	8	6	4	7	9	2
9	6	8	7	2	5	3	4	1
8	9	4	5	3	7	1	2	6
1	3	2	9	8	6	5	7	4
5	7	6	1	4	2	9	8	3
4	5	1	2	9	3	8	6	7
6	8	9	4	7	1	2	3	5
7	2	3	6	5	8	4	1	9

102

2	5	6	8	3	4	9	1	7
9	7	4	5	6	1	2	3	8
1	3	8	2	9	7	5	6	4
5	1	9	4	7	6	8	2	3
6	8	2	1	5	3	7	4	9
7	4	3	9	2	8	1	5	6
3	6	5	7	8	2	4	9	1
4	2	7	3	1	9	6	8	5
8	9	1	6	4	5	3	7	2

Solutions – Book Three

103

3	4	7	2	8	6	5	1	9
1	6	5	3	9	4	7	8	2
2	8	9	1	7	5	3	4	6
8	2	6	9	5	3	4	7	1
9	3	1	4	6	7	2	5	8
5	7	4	8	2	1	9	6	3
7	9	3	6	4	8	1	2	5
6	5	2	7	1	9	8	3	4
4	1	8	5	3	2	6	9	7

104

6	3	5	8	2	7	1	9	4
4	9	1	5	6	3	2	7	8
7	8	2	1	4	9	3	5	6
2	6	3	4	9	8	7	1	5
8	7	9	3	1	5	4	6	2
1	5	4	6	7	2	8	3	9
9	2	8	7	5	1	6	4	3
5	4	7	2	3	6	9	8	1
3	1	6	9	8	4	5	2	7

105

9	1	6	5	4	2	3	8	7
3	2	4	8	6	7	5	1	9
8	5	7	9	3	1	6	2	4
5	4	2	6	7	3	1	9	8
6	8	9	4	1	5	7	3	2
7	3	1	2	8	9	4	5	6
2	7	8	3	5	6	9	4	1
4	6	3	1	9	8	2	7	5
1	9	5	7	2	4	8	6	3